"十四五"职业教育国家规划教材

"十三五"职业教育国家规划教材

Photoshop CC 图像处理基础

主　编　田莉莉　徐　慧　倪玉凤
副主编　周　伟　赵　玉　戴　娜　秦秋滢
参　编　张　宇　宋颖月　陶建强　刘　璐　高艳敏

机械工业出版社

本书根据实际教学经验及高校学生的反馈，摒弃了传统的、大段文字理论的模式，采用先实例后基础的讲解模式。

全书共分 10 章，按照平面设计工作的实际需求组织内容，基础知识以实用、够用为原则。主要内容包括 Photoshop CC 的奇妙之旅、基础图形的绘制、数码照片的编辑——图像的处理、个性按钮及图像设计与处理——图层的应用、手绘技法精研——路径的应用、婚纱及艺术照片处理——通道和蒙版、广告设计中的梦幻光影制作——滤镜的应用、平面广告设计中常用字体的表现、手机 UI 界面设计、网店的制作等内容。本书在讲解理论知识后，还安排了针对性的项目，以供读者练习。

全书结构合理，语句通俗易懂，图文并茂，易教易学，既可作为高职高专院校和应用型本科院校的计算机专业、影视学专业的教材，又可作为广大平面设计爱好者的参考书。

本书配套资源提供了案例教学视频，对书中案例进行讲解。读者可以扫描二维码观看视频进行学习，以达到事半功倍的效果。另外，本书还提供了全部实例的素材文件和最终效果文件，读者可以登录机械工业出版社教育服务网（www.cmpedu.com）以教师身份免费注册下载或联系编辑（010-88379194）咨询。

图书在版编目（CIP）数据

Photoshop CC图像处理基础 / 田莉莉, 徐慧, 倪玉凤主编. — 北京：机械工业出版社, 2019.9（2024.6重印）
职业教育计算机平面设计专业系列教材
ISBN 978-7-111-63823-0

Ⅰ.①P… Ⅱ.①田… ②徐… ③倪… Ⅲ.①图象处理软件－高等职业教育－教材 Ⅳ.①TP391.413

中国版本图书馆CIP数据核字(2019)第215755号

机械工业出版社（北京市百万庄大街22号　邮政编码100037）
策划编辑：李绍坤　责任编辑：李绍坤　张翠翠　韩　静
责任校对：李　丹　封面设计：鞠　杨
责任印制：任维东
天津翔远印刷有限公司印刷
2024年6月第1版第19次印刷
184mm×260mm・18印张・437千字
标准书号：ISBN 978-7-111-63823-0
定价：58.00元

电话服务　　　　　　　网络服务
客服电话：010-88361066　机　工　官　网：www.cmpbook.com
　　　　　010-88379833　机　工　官　博：weibo.com/cmp1952
　　　　　010-68326294　金　书　网：www.golden-book.com
封底无防伪标均为盗版　机工教育服务网：www.cmpedu.com

关于"十四五"职业教育国家规划教材的出版说明

为贯彻落实《中共中央关于认真学习宣传贯彻党的二十大精神的决定》《习近平新时代中国特色社会主义思想进课程教材指南》《职业院校教材管理办法》等文件精神，机械工业出版社与教材编写团队一道，认真执行思政内容进教材、进课堂、进头脑要求，尊重教育规律，遵循学科特点，对教材内容进行了更新，着力落实以下要求：

1. 提升教材铸魂育人功能，培育、践行社会主义核心价值观，教育引导学生树立共产主义远大理想和中国特色社会主义共同理想，坚定"四个自信"，厚植爱国主义情怀，把爱国情、强国志、报国行自觉融入建设社会主义现代化强国、实现中华民族伟大复兴的奋斗之中。同时，弘扬中华优秀传统文化，深入开展宪法法治教育。

2. 注重科学思维方法训练和科学伦理教育，培养学生探索未知、追求真理、勇攀科学高峰的责任感和使命感；强化学生工程伦理教育，培养学生精益求精的大国工匠精神，激发学生科技报国的家国情怀和使命担当。加快构建中国特色哲学社会科学学科体系、学术体系、话语体系。帮助学生了解相关专业和行业领域的国家战略、法律法规和相关政策，引导学生深入社会实践、关注现实问题，培育学生经世济民、诚信服务、德法兼修的职业素养。

3. 教育引导学生深刻理解并自觉实践各行业的职业精神、职业规范，增强职业责任感，培养遵纪守法、爱岗敬业、无私奉献、诚实守信、公道办事、开拓创新的职业品格和行为习惯。

在此基础上，及时更新教材知识内容，体现产业发展的新技术、新工艺、新规范、新标准。加强教材数字化建设，丰富配套资源，形成可听、可视、可练、可互动的融媒体教材。

教材建设需要各方的共同努力，也欢迎相关教材使用院校的师生及时反馈意见和建议，我们将认真组织力量进行研究，在后续重印及再版时吸纳改进，不断推动高质量教材出版。

机械工业出版社

PREFACE 前言

　　Photoshop 是Adobe公司旗下最为出名的图像处理软件之一，是集图像扫描、编辑修改、图像制作、广告创意、图像输入与输出于一体的图形图像处理软件，深受广大平面设计人员和计算机美术爱好者的喜爱。

　　多数人对于Photoshop的了解仅限于"一个很好的图像编辑软件"，并不知道它的诸多应用。实际上，Photoshop的应用领域很广，在图像、图形、文字、视频、出版各方面都有涉及。

　　本书根据党的二十大报告所提出的"教育、科技、人才是全面建设社会主义现代化国家的基础性、战略性支撑"，立足于培养各行业设计人才，选择了涉及多个领域的实用案例对Photoshop进行讲解。

本书内容

　　全书共10章，按照平面设计工作的实际需求组织内容，基础知识以实用、够用为原则。主要内容包括Photoshop CC的奇妙之旅、基础图形的绘制、数码照片的编辑——图像的处理、个性按钮及图像设计与处理——图层的应用、手绘技法精研——路径的应用、婚纱及艺术照片处理——通道和蒙版、广告设计中的梦幻光影制作——滤镜的应用、平面广告设计中常用字体的表现、手机UI界面设计、网店的制作等内容。

本书特色

　　本书面向Photoshop的初中级用户，采用由浅入深、循序渐进的讲述方法，内容丰富，结构安排合理，案例来自实际项目。本书面向Photoshop的初中级用户，采用由浅深入、循序渐进的讲述方法，内容丰富，结构安排合理，案例来自实际项目。本书的案例简单易学，读者通过对二维码操作视频的学习，能够快速掌握案例。本书还包含了大量习题，读者在学习完一章内容后能够及时检查学习情况。本书以项目化课程改革为抓手，助推课程、教材、教学资源库及教学信息化等建设。本书还注重培养学生树立正确的艺术观、科学的思维方法和职业素养，并结合"工匠精神"的培养，不断提升育人水平。

本书约定

　　为便于阅读理解，本书的写作风格遵从如下约定。

　　本书中出现的中文菜单和命令加""，以示区分。此外，为了使语句更简洁易懂，本书中所有的菜单和命令之间都以箭头(→)分隔，例如，单击"编辑"菜单，再选择

前言

"移动"命令,就用"编辑"→"移动"来表示。

用加号(+)连接的两个或3个键表示组合键,在操作时表示同时按下这两个或3个键。例如,<Ctrl+V>是指在按下<Ctrl>键的同时按下<V>字母键;<Alt+Ctrl+F10>是指在按下<Alt>键和<Ctrl>键的同时,按下功能键<F10>。

在没有特殊指定时,单击、双击和拖动是指用鼠标左键单击、双击和拖动,右击是指用鼠标右键单击。

读者对象

1)Photoshop初学者。

2)大中专院校和社会培训班平面设计及其相关专业的学生。

3)平面设计从业人员。

在写作的过程中,由于编者水平有限,错误在所难免,希望广大读者批评指正。

编 者

二维码索引

序号	任务名称	图形	页码	序号	任务名称	图形	页码
1	2.1 球体效果		21	7	3.3 制作双色调模式的照片		54
2	2.2 圆柱体效果		25	8	3.4 修复照片中的瑕疵		60
3	2.3 圆锥体效果		30	9	3.5 制作证件快照		64
4	2.4 制作苹果效果		36	10	3.6 合成照片		68
5	3.1 令照片的色彩更加鲜艳		41	11	3.7 拼接照片		74
6	3.2 调整眼睛的比例		49	12	4.1 制作圆形多媒体按钮图标		81

(续)

序号	任务名称	图形	页码	序号	任务名称	图形	页码
13	4.2 制作网页UI质感开关暂停按钮		91	20	6.1 制作婚纱照		141
14	4.3 古典竹简效果		100	21	6.2 制作彩点边框		148
15	4.4 光盘封面效果		104	22	6.3 制作栅格图像		154
16	5.1 绘制卡通漫画		113	23	6.4 改变婚纱颜色		159
17	5.2 制作Logo标志		117	24	7.1 制作运动效果		169
18	5.3 制作邮票		121	25	7.2 制作水效果		172
19	5.4 制作"新品上市"海报		134	26	7.3 制作油印字效果		175

(续)

序号	任务名称	图形	页码	序号	任务名称	图形	页码
27	7.4 制作放射背景照片		179	34	8.6 制作豆粒字		217
28	7.5 制作钻石水晶耀光特效		183	35	9.1.1 制作登陆界面主体效果		225
29	8.1 制作巧克力文字		191	36	9.1.2 制作表单控件		227
30	8.2 制作气球文字		197	37	9.1.3 制作倒影效果		231
31	8.3 制作手写书法字		201	38	9.2.1 制作背景效果		233
32	8.4 制作金色发光文字		205	39	9.2.2 制作圆环效果		238
33	8.5 制作结冰文字		210	40	9.2.3 完善细节效果		239

(续)

序号	任务名称	图形	页码	序号	任务名称	图形	页码
41	9.3.1 添加参考线		241	48	10.1.5 制作商品热销区		261
42	9.3.2 制作主体效果		243	49	10.2.1 制作商品热销区		263
43	9.3.3 制作文字效果		247	50	10.2.2 制作欢迎首页		264
44	10.1.1 制作店招和导航		251	51	10.2.3 制作促销区		266
45	10.1.2 制作首页欢迎模块		254	52	10.2.4 制作收藏区与广告海报		268
46	10.1.3 制作促销区域		257	53	10.2.5 制作商品展示区		269
47	10.1.4 制作商品展示区		259				

CONTENTS 目录

前　言
二维码索引

第1章　Photoshop CC的奇妙之旅 1
1.1　Photoshop CC的基本操作 3
1.2　Photoshop CC的工作环境 6
1.3　查看图像 14
1.4　标　尺 14
1.5　Photoshop CC快捷键大全 15

第2章　基础图形的绘制 19
2.1　球体效果 21
2.2　圆柱体效果 25
2.3　圆锥体效果 30
2.4　制作苹果效果 36

第3章　数码照片的编辑——图像的处理 39
3.1　令照片的色彩更加鲜艳 41
3.2　调整眼睛的比例 49
3.3　制作双色调模式的照片 54
3.4　修复照片中的瑕疵 60
3.5　制作证件快照 64
3.6　合成照片 68
3.7　拼接照片 74

第4章　个性按钮及图像设计与处理——图层的应用 79
4.1　制作圆形多媒体按钮图标 81
4.2　制作网页UI质感开关暂停按钮 91
4.3　古典竹简效果 100

4.4 光盘封面效果 104

第5章 手绘技法精研——路径的应用 111

5.1 绘制卡通漫画 113

5.2 制作Logo标志 117

5.3 制作邮票 121

5.4 制作"新品上市"海报 134

第6章 婚纱及艺术照片处理——通道和蒙版 139

6.1 制作婚纱照 141

6.2 制作彩点边框 148

6.3 制作栅格图像 154

6.4 改变婚纱颜色 159

第7章 广告设计中的梦幻光影制作——滤镜的使用 167

7.1 制作运动效果 169

7.2 制作水效果 172

7.3 制作油印字效果 175

7.4 制作放射背景照片 179

7.5 制作钻石水晶耀光特效 183

第8章 平面广告设计中常用字体的表现 189

8.1 制作巧克力文字 191

8.2 制作气球文字 197

8.3 制作手写书法字 201

8.4 制作金色发光文字 205

8.5 制作结冰文字 210

8.6 制作豆粒字 217

第9章　手机UI界面设计	223
9.1　制作社交APP登录界面	225
9.2　制作锁屏界面	232
9.3　制作手机来电界面	241
第10章　网店的制作	249
10.1　护肤品网店的制作	251
10.2　女包网店的制作	262

第1章　Photoshop CC的奇妙之旅

【本章导读】

知识基础
- ◇ Photoshop CC的基本操作
- ◇ 文档的创建、打开及保存

重点知识
- ◇ Photoshop CC的工作界面
- ◇ 界面优化设置

提高知识
- ◇ 图像的查看方法
- ◇ Photoshop CC的快捷键

Adobe Photoshop CC是目前非常流行的平面设计软件,也是全球用户最多的平面软件,涉及面广泛且发展迅速。它涵盖的职业范畴包括艺术设计、展示设计、广告设计、书籍装帧设计、包装与装潢设计、服装设计、工业产品设计、商业插画、标志设计、企业CI设计、网页设计等。

本章将对Photoshop CC的工作界面、功能特性等知识进行讲解。通过对本章的学习,用户可以全面认识和掌握Photoshop CC的工作界面及文件操作的基本流程。

1.1 Photoshop CC的基本操作

下面介绍Photoshop CC的基本操作。

1.1.1 启动Photoshop CC

启动Photoshop CC，可以执行下列操作之一。

- 选择"开始"→"程序"→"Adobe Photoshop CC"命令，如图1-1所示，即可启动Photoshop CC，图1-2所示为Photoshop CC的起始界面。
- 直接在桌面上双击 快捷图标。
- 双击与Photoshop CC相关联的文档。

图1-1 选择"Adobe Photoshop CC"命令

图1-2 Photoshop CC的起始界面

1.1.2 新建空白文档

新建Photoshop空白文档的具体操作步骤如下。

1）在菜单栏中选择"文件"→"新建"命令，打开"新建"对话框，在对话框中对新建空白文档的宽度、高度及分辨率进行设置，如图1-3所示。

2）设置完成后单击"确定"按钮，即可新建空白文档，如图1-4所示。

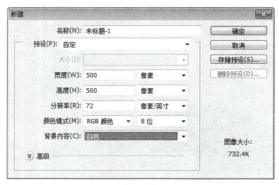
图1-3　"新建"对话框

图1-4　新建的空白文档

1.1.3 打开文档

下面介绍打开文档的具体操作步骤。

1）按<Ctrl+O>组合键，在弹出的"打开"对话框中选择要打开的图像，在对话框的下侧可以对要打开的图像进行预览，如图1-5所示。

2）单击"打开"按钮，或按<Enter>键，或双击鼠标，即可打开选择的素材图像。

> **提示**
>
> 在菜单栏中选择"文件"→"打开"命令，如图1-6所示，在工作区域内双击也可以打开"打开"对话框。按住<Ctrl>键单击需要打开的文件，可以打开多个不相邻的文件；按住<Shift>键单击需要打开的文件，可以打开多个相邻的文件。

图1-5　"打开"对话框

图1-6　选择"打开"命令

1.1.4 保存文档

保存文档的具体操作步骤如下。

1）如果需要保存编辑后的图像，可以在菜单栏中选择"文件"→"存储"命令，如图1-7所示。

2）在弹出的"另存为"对话框中设置保存路径、文件名及保存类型，如图1-8所示，单击"保存"按钮保存图像即可。

图1-7 选择"存储"命令

图1-8 "另存为"对话框

> **知识链接**
>
> 如果用户不希望在原图像上进行保存，可在单击"文件"菜单后弹出的下拉菜单中选择"存储为"命令，或按 <Shift+Ctrl+S> 组合键打开"存储为"对话框。

1.1.5 退出Photoshop CC

若要退出Photoshop CC，可以执行下列操作之一。

- 单击Photoshop CC程序窗口右上角的"关闭"按钮 。
- 选择"文件"→"退出"命令，如图1-9所示。
- 单击Photoshop CC程序窗口左上角的 Ps 图标，在弹出的下拉菜单中选择"关闭"命令。
- 双击Photoshop CC程序窗口左上角的 Ps 图标。
- 按下<Alt+F4>组合键。
- 按下<Ctrl+Q>组合键。

如果当前是一个新建的或没有保存过的文件，则会弹出一个信息提示对话框，如图1-10所示。单击"是"按钮，打开"存储为"对话框；单击"否"按钮，可以关闭文件，但不保存修改结果；单击"取消"按钮，可以关闭该对话框，并取消关闭操作。

图1-9 选择"退出"命令

图1-10 信息提示对话框

1.2 Photoshop CC的工作环境

下面介绍Photoshop CC工作区中的工具、面板和其他元素。

1.2.1 Photoshop CC的工作界面

Photoshop CC的工作界面的设计非常系统化，便于用户操作和理解，同时也易于被用户接受，主要由菜单栏、工具箱、状态栏、面板等几部分组成，如图1-11所示。

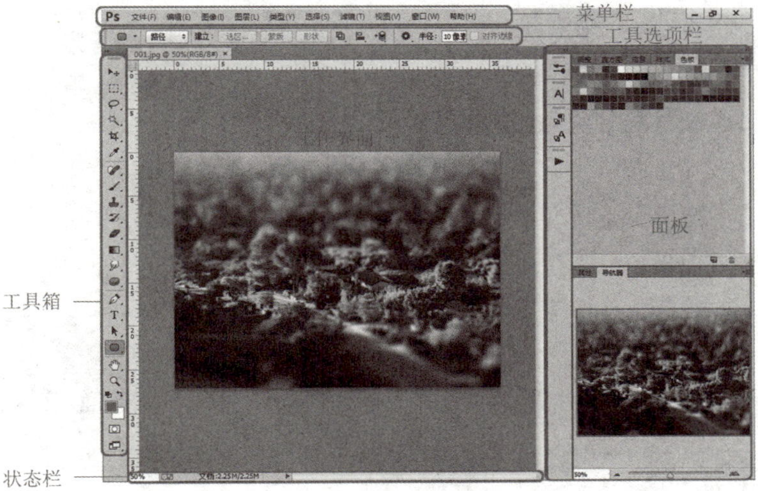

图1-11 Photoshop CC的工作界面

1.2.2 菜单栏

Photoshop CC共有10个主菜单，如图1-12所示，每个菜单都包含相同类型的命令。例如，"文件"菜单包含的是用于设置文件的各种命令，"滤镜"菜单包含的是各种滤镜。

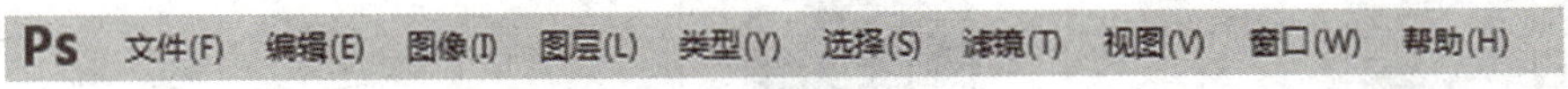

图1-12 菜单栏

单击一个菜单的名称即可打开该菜单。在菜单中，不同功能的命令之间采用分隔线进行分隔，带有黑色三角标记的命令表示还包含级联菜单，将光标移动到这样的命令上，即可显示级联菜单。图1-13所示为"图像"→"图像旋转"的级联菜单。

选择菜单中的一个命令便可以执行该命令，如果命令后面附有快捷键，则无须打开菜单，直接按下快捷键即可执行该命令。例如，按<Alt+Ctrl+I>组合键可以执行"图像"→"图像大小"命令，如图1-14所示。

有些命令只提供了字母，要通过快捷方式执行这样的命令，可以按<Alt>键+主菜单的字母。使用字母执行命令的操作步骤如下。

1）随意打开一个图像文件，按<Alt>键，然后按<E>键，打开"编辑"菜单，如图1-15所示。

2）按<L>键，即可打开"填充"对话框，如图1-16所示。

Photoshop CC图像处理基础

图1-13 级联菜单

图1-14 带有快捷键的命令

图1-15 "编辑"菜单

图1-16 "填充"对话框

如果一个命令的名称后面带有"…"符号，表示执行该命令时将打开一个对话框，如图1-17所示。

如果菜单中的命令显示为灰色，则表示该命令在当前状态下不能使用。

快捷菜单会因所选工具的不同而显示不同的内容。例如，使用画笔工具时，显示的快捷菜单是画笔选项设置菜单，而使用渐变工具时，显示的快捷菜单则是渐变编辑菜单。在图层上单击右键也可以显示快捷菜单，图1-18所示为当前工具为"裁剪工具"时的快捷菜单。

图1-17 后面带有"…"的命令

图1-18 "裁剪工具"快捷菜单

1.2.3 工具箱

第一次启动应用程序时，工具箱将出现在屏幕的左侧，可通过拖动工具箱的标题栏来移动。通过选择"窗口"→"工具"命令，用户可以显示或隐藏工具箱。Photoshop CC的工具箱如图1-19所示。

单击工具箱中的一个工具按钮即可选择该工具，将鼠标指针停留在一个工具按钮上，会显示该工具的名称和快捷键，如图1-20所示。也可以按下工具的快捷键来选择相应的工具。右下角带有三角形图标的工具表示这是一个工具组，在这样的工具上按住鼠标右键可以显示隐藏的工具，如图1-21所示。此时将鼠标指针移至隐藏的工具上然后放开鼠标，即可选择该工具。

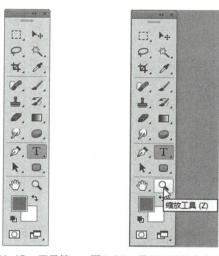
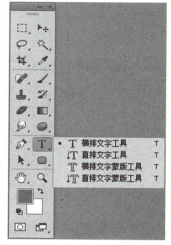

图1-19　工具箱　　图1-20　显示工具的名称和快捷键　　图1-21　显示隐藏的工具

1.2.4　工具选项栏

大多数工具的选项都会在该工具的选项栏中显示，选中"移动工具"，其选项栏如图1-22所示。

图1-22　"移动工具"选项栏

选项栏与工具相关，并且会随所选工具的不同而变化。选项栏中的一些设置对于许多工具都是通用的，但是有些设置则专用于某个工具。

1.2.5　面板

使用面板可以监视和修改图像。

单击"窗口"菜单，可以控制面板的显示与隐藏。默认情况下，面板以组的方式堆叠在一起，按住鼠标左键拖动面板组的顶端可以移动面板组，还可以单击面板组左侧的各类面板标签打开相应的面板。

用鼠标左键选中面板标签，然后拖动到面板以外，就可以从组中移出面板。

1.2.6 图像窗口

通过图像窗口可以移动整个图像在工作区中的位置。图像窗口显示图像的名称、百分比例、色彩模式及当前图层等信息，如图1-23所示。

单击窗口右上角的 ━ 图标，可以最小化图像窗口；单击窗口右上角的 ▫ 图标，可以最大化图像窗口；单击窗口右上角的 ✕ 图标，则可关闭整个图像窗口。

图1-23 图像窗口

1.2.7 状态栏

状态栏位于图像窗口的底部，左侧的文本框中显示了窗口的视图比例，如图1-24所示。

图1-24 窗口的视图比例

在文本框中输入百分比值，然后按<Enter>键，可以重新调整视图比例。

在状态栏上单击时，可以显示图像的宽度、高度、通道数目和颜色模式等信息，如图1-25所示。

如果按住<Ctrl>键单击状态栏，可以显示图像的拼贴宽度等信息，如图1-26所示。

单击状态栏中的 ▶ 按钮，弹出图1-27所示的快捷

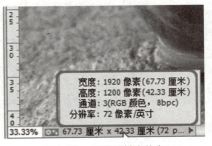

图1-25 图像的基本信息

菜单，在此菜单中可以选择状态栏中显示的内容。

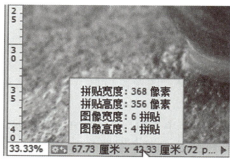

图1-26 图像的拼贴宽度等信息

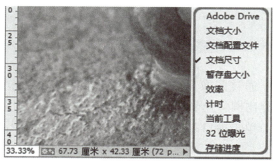

图1-27 弹出的快捷菜单

1.2.8 优化工作界面

Photoshop CC提供了标准屏幕模式、带有菜单栏的全屏模式和全屏模式。在工具箱中单击"更改屏幕模式"按钮，或用快捷键<F>可实现3种不同模式之间的切换。对于初学者来说，建议使用标准屏幕模式。3种模式的工作界面如图1-28、图1-29、图1-30所示。

图1-28 标准模式

图1-29　带有菜单栏的全屏模式

图1-30　全屏模式

1.3 查看图像

在Photoshop中处理图像时，会频繁地在图像的整体和局部之间来回切换，通过对局部的修改来得到最终的效果。该软件提供了几种图像查看命令，用于完成这一系列的操作。

1.3.1 放大与缩小图像

利用缩放工具可以实现对图像的缩放查看。使用缩放工具拖动想要放大的区域，即可对局部区域进行放大。

用户还可以通过快捷键来实现放大或缩小图像。例如，使用<Ctrl++>组合键可以以画布为中心放大图像；使用<Ctrl+->组合键可以以画布为中心缩小图像；使用<Ctrl+0>组合键可以最大化显示图像，使图像填满整个图像窗口。

1.3.2 抓手工具

当图像被放大到只能够显示局部图像的时候，可以使用"抓手工具"查看图像中的某一个部分。当使用除"抓手工具"外的其他工具查看图像时，按空格键拖动鼠标就可以查看所要显示的部分，可以拖动水平滚动条和垂直滚动条来查看图像。

1.4 标　尺

利用标尺可以精确地定位图像中的某一点及创建参考线。

在菜单栏中选择"视图"→"标尺"命令，或通过<Ctrl+R>组合键可打开标尺，如图1-31所示。

标尺会出现在当前窗口的顶部和左侧。在打开标尺的图像窗口中，虚线可显示当前鼠标指针所处的位置。如果要更改标尺原点，可以从图像上的特定点开始度量，在左上角按住鼠标左键拖动到特定的位置后释放鼠标，即可改变原点的位置。

图1-31 标尺

1.5　Photoshop CC快捷键大全

1. 工具箱

移动工具 <V>
矩形选框工具、椭圆选框工具 <M>
套索工具、多边形套索工具、磁性套索工具 <L>
快速选择工具、魔棒工具 <W>
裁剪工具、透视裁剪工具、切片工具、切片选择工具 <C>
吸管工具、颜色取样器工具、标尺工具、注释工具、计数工具 <I>
污点修复画笔工具、修复画笔工具、修补工具、内容感知移动工具、红眼工具 <J>
画笔工具、铅笔工具、颜色替换工具、混合器画笔工具 <B>
仿制图章工具、图案图章工具 <S>
历史记录画笔工具、历史记录艺术画笔工具 <Y>
橡皮擦工具、背景橡皮擦工具、魔术橡皮擦工具 <E>
渐变工具、油漆桶工具 <G>

减淡工具、加深工具、海绵工具 <O>

钢笔工具、自由钢笔工具、添加锚点工具、删除锚点工具、转换点工具 <P>

横排文字工具、直排文字工具、横排文字蒙版工具、直排文字蒙版工具 <T>

路径选择工具、直接选择工具 <A>

矩形工具、圆角矩形工具、椭圆工具、多边形工具、直线工具、自定形状工具 <U>

抓手工具 <H>

旋转视图工具 <R>

缩放工具 <Z>

添加锚点工具 <+>

删除锚点工具 <–>

默认前景色和背景色 <D>

切换前景色和背景色 <X>

切换标准模式和快速蒙版模式 <Q>

标准屏幕模式、带有菜单栏的全屏模式、全屏模式 <F>

临时使用移动工具 <Ctrl>

单击"画笔工具"按钮,临时使用吸色工具 <Alt>

临时使用抓手工具 <Spacebar>

快速输入工具选项(当前工具选项面板中至少有一个可调节数字) <0>~<9>

循环选择画笔 <[>或<]>

选择第一个画笔 <Shift+[>

选择最后一个画笔 <Shift+]>

2. 文件操作

新建图形文件 <Ctrl+N>

用默认参数创建新文件 <Alt+Ctrl+N>

打开已有的图像 <Ctrl+O>

打开… <Alt+Ctrl+O>

关闭当前图像 <Ctrl+W>

保存当前图像 <Ctrl+S>

另存为… <Shift+Ctrl+S>

存储为Web所用格式 <Alt+Shift+Ctrl+S>

打印 <Ctrl+P>

打开"预置"对话框 <Ctrl+K>

3. 选择功能

全部选取 <Ctrl+A>

取消选区 <Ctrl+D>

重新选择 <Shift+Ctrl+D>

羽化选区 <Shift+F6>
反向选择 <Shift+Ctrl+I>
路径变选区 <Enter>
载入选区 <Ctrl>+点按"图层"面板、"路径"面板、"通道"面板中的缩览图
重复上次的参数再添加一次上次的滤镜 <Alt+Ctrl+F>
删除上次所添加滤镜的效果 <Shift+Ctrl+Z>

4. 视图操作

显示彩色RGB通道 <Ctrl+2>
显示单色通道 <Ctrl>+数字（红色为数字3、绿色为数字4、蓝色为数字5）
以CMYK方式预览（开关） <Ctrl+Y>
放大视图 <Ctrl++>
缩小视图 <Ctrl+->
满画布显示 <Ctrl+0>
实际像素显示 <Alt+Ctrl+0>
左对齐或顶对齐 <Shift+Ctrl+L>
居中对齐 <Shift+Ctrl+C>
右对齐或底对齐 <Shift+Ctrl+R>
左／右选择一个字符 <Shift+←>/<Shift+→>
下／上选择一行 <Shift+↑>/<Shift+↓>

5. 编辑操作

还原/重做前一步操作 <Ctrl+Z>
还原两步以上操作 <Alt+Ctrl+Z>
重做两步以上操作 <Shift+Ctrl+Z>
剪切选取的图像或路径 <Ctrl+X>或<F2>
复制选取的图像或路径 <Ctrl+C>
合并拷贝 <Shift+Ctrl+C>
将剪贴板中的内容粘贴到当前图形中 <Ctrl+V>或<F4>
将剪贴板中的内容粘贴到选框中 <Shift+Ctrl+V>
自由变换 <Ctrl+T>
应用自由变换（在自由变换模式下） <Enter>
从中心或对称点开始变换 （在自由变换模式下） <Alt>
限制（在自由变换模式下） <Shift>
扭曲（在自由变换模式下） <Ctrl>
取消变形（在自由变换模式下） <Esc>
自由变换复制的像素数据 <Shift+Ctrl+T>
再次变换复制的像素数据并建立一个副本 <Alt+Shift+Ctrl+T>

删除选框中的图案或选取的路径 <Delete>

用背景色填充所选区域或整个图层 <Ctrl+BackSpace>或<Ctrl+Delete>

用前景色填充所选区域或整个图层 <Alt+BackSpace>或<Alt+Delete>

弹出<填充>对话框 <Shift+BackSpace>

从历史记录中填充 <Alt+Ctrl+Backspace>

6. 图像调整

调整色阶 <Ctrl+L>

自动色调 <Shift+Ctrl+L>

打开"曲线"对话框 <Ctrl+M>

打开"色彩平衡"对话框 <Ctrl+B>

打开"色相/饱和度"对话框 <Ctrl+U>

去色 <Shift+Ctrl+U>

反相 <Ctrl+I>

7. 图层操作

从对话框新建一个图层 <Shift+Ctrl+N>

以默认选项建立一个新的图层 <Alt+Shift+Ctrl+N>

通过复制建立一个图层 <Ctrl+J>

通过剪切建立一个图层 <Shift+Ctrl+J>

与前一图层编组 <Ctrl+G>

取消编组 <Shift+Ctrl+G>

向下合并或合并链接图层 <Ctrl+E>

合并可见图层 <Shift+Ctrl+E>

盖印或盖印链接图层 <Alt+Ctrl+E>

盖印可见图层 <Alt+Shift+Ctrl+E>

将当前层下移一层 <Ctrl+[>

将当前层上移一层 <Ctrl+]>

将当前层移到最下面 <Shift+Ctrl+[>

将当前层移到最上面 <Shift+Ctrl+]>

激活下一个图层 <Alt+[>

激活上一个图层 <Alt+]>

激活底部图层 <Alt+Shift+[>

激活顶部图层 <Alt+Shift+]>

第2章　基础图形的绘制

【本章导读】

知识基础 ◆ 选区的基本操作
　　　　　◆ "三面"和"五调"的刻画

重点知识 ◆ 球体制作
　　　　　◆ 圆锥体制作

提高知识 ◆ 常用5种渐变方式
　　　　　◆ 自由变换

环顾四周，会看到周围充满了形形色色的物品，仔细观察这些物品就会发现，不论形式多么复杂，结构多么烦琐，最终都会归纳为几种简单的几何形体，这几种简单的几何体，称为基本几何体。本章学习基本几何体的绘制。通过学习本章内容，可以了解基本构图与处理工具的应用，同时了解 Photoshop 中手绘与传统绘画表现方式的不同。

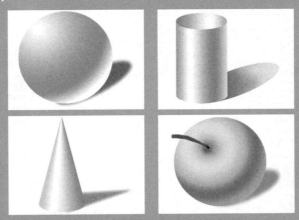

2.1 球体效果

扫码看视频

作为基本几何体的球体,是初学美术者必画的物体,它可以直观地表现"五调"的特征。表现物体立体感的重要手段是对"三面"和"五调"的刻画,详细知识见2.1.3小节,球体效果如图2-1所示。

图2-1 球体效果

2.1.1 知识要点

本例使用"椭圆选框工具"绘制球体的形状,为实现立体的效果,使用"渐变工具"对选区填充渐变,最后为球体制作投影效果。

2.1.2 实现步骤

1)选择"文件"→"新建"命令,打开"新建"对话框,设置"名称"为"球体",将"宽度"和"高度"分别设置为1024像素、768像素,将"分辨率"设置为200像素/英寸,将"颜色模式"设置为RGB颜色、8位,如图2-2所示。

2)单击"确定"按钮,单击"图层"面板中的"创建新图层"按钮,新建"图层1",如图2-3所示。

3)选择工具箱中的"椭圆选框工具",在按下<Shift>键的同时拖动鼠标,绘制出一个正圆的选区,如图2-4所示。

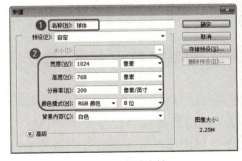

图2-2 新建文档

图2-3 新建图层

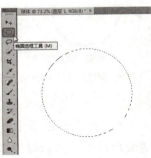

图2-4 绘制正圆选区

提示

在Photoshop中,一般不在"背景"图层上绘制图形,需新建图层。

4)单击工具箱中的"设置前景色"按钮,如图2-5所示,在打开的"拾色器(前景色)"对话框中将前景色设置为浅灰色(R:156,G:154,B:154),再单击"设置背景色"按钮,在"拾色器(背景色)"对话框中将背景色设置为白色(R:255,G:255,B:255),如图2-6和图2-7所示。

图2-5　前景色和背景色设置按钮

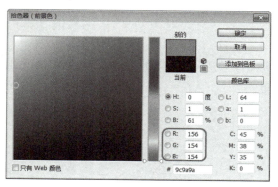

图2-6　设置前景色颜色值

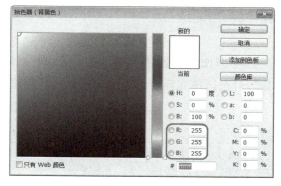

图2-7　设置背景色颜色值

5)选择工具箱中的"渐变工具" ，将渐变类型设置为"径向渐变" 。单击工具选项栏上的"点按可编辑渐变"按钮 ，如图2-8所示。在弹出的"渐变编辑器"对话框中设置渐变效果。

图2-8　设置渐变

提示

利用"渐变工具"可以很方便地创建一种颜色(右边色标)向另一种颜色(左边色标)的渐变,或多种颜色(添加色标)的渐变。拖动色标到色条外可删除多余色标。

6)在渐变色条下方的任意处单击即可添加色标,在位置的80%处添加一个色标。更改色标颜色需选择要更改颜色的色标,本例中将3个色标的颜色从左至右分别设置为白色、浅灰色(R:154,G:154,B:154)、白色,如图2-9所示。

7）渐变色设置完成后，单击"确定"按钮，然后在选区中由左上向右下拖动鼠标，参考图2-10所示的箭头方向，得到一个由白色到黑色再到白色的渐变填充效果。选择"选择"→"取消选择"命令取消选区（<Ctrl＋D>组合键）。此时，立体感的球体初具模型，已经具备了"高光""阴暗交界部""暗部"和"反光"4个调子，效果如图2-11所示。

图 2-9　设置渐变

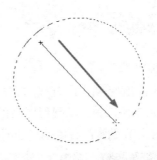

图2-10　按箭头方向拖动鼠标

8）选中"背景"图层，单击"图层"面板中的"创建新图层"按钮，新建"图层2"，并使得"图层2"位于"图层1"下方。选择工具箱中的"椭圆选框工具"，在圆球右下方绘制一个椭圆选区，如图2-12所示。选择"选择"→"变换选区"命令，对椭圆选区进行调整，变换后的选区形状如图2-13所示，并按<Enter>键确认。

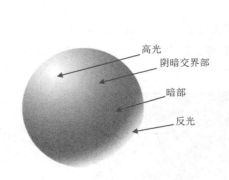

图2-11　渐变填充后的效果

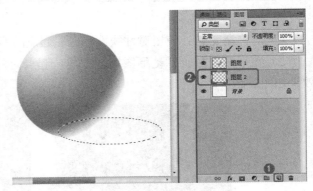

图2-12　创建新图层并绘制椭圆选区

9）选择"选择"→"修改"→"羽化"命令，打开"羽化选区"对话框，将"羽化半径"设置为5像素，并单击"确定"按钮，如图2-14所示。

10）设置前景色为深灰色（R：110，G：110，B：110），并按<Alt+Delete>组合键填充选区，按<Ctrl+D>组合键取消选区。此时完成最终效果的制作。

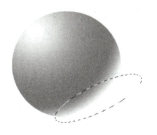

图2-13 变换椭圆选区

图2-14 设置羽化半径

2.1.3 知识解析

1.5种渐变方式

1）线性渐变▣：以直线的方式从左色标渐变到右色标，效果如图2-15所示。

2）径向渐变▣：以圆形图案的方式从左色标渐变到右色标，效果如图2-16所示。

3）角度渐变▣：右色标以逆时针扫过的角度方式渐变到左色标，效果如图2-17所示。

图2-15 线性渐变

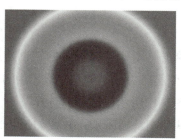
图2-16 径向渐变

图2-17 角度渐变

4）对称渐变▣：使用对称线性渐变在起点的两侧渐变，效果如图2-18所示。

5）菱形渐变▣：以菱形图案的方式从起点向外渐变，终点则定义为菱形的一个角，效果如图2-19所示。

图2-18 对称渐变

图2-19 菱形渐变

2."三面"和"五调"

表现物体立体感的重要手段是对"三面"和"五调"的刻画。

1)三面:物体受光线的照射后会呈现出不同的明暗效果,受光的一面叫亮面,侧受光的一面叫灰面,背光的一面叫暗面,如图2-20所示。

2)五调:在三大面中,根据受光的强弱不同还有很多明显的区别,形成了5个调子。除了亮面的亮调、灰面的灰调和暗面的暗调之外,暗面受环境的影响会出现"反光"。另外,灰面与暗面交界的地方既不受光源的照射,又不受反光的影响,因此挤出了一条最暗的面,叫"阴暗交界"。这就是常说的"五大调子",如图2-21所示。

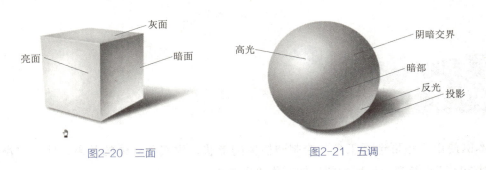

图2-20 三面　　　　　　　　图2-21 五调

2.1.4 自主练习——彩球

读者可以自己选择喜欢的颜色进行调试,有时会有意想不到的收获。色标位置可控制光照效果,试着改变可得出不同的效果,彩球效果如图2-22所示。

图2-22 彩球效果

2.2 圆柱体效果

本节介绍圆柱体效果的制作,效果如图2-23所示。

扫码看视频

Photoshop CC图像处理基础

图2-23 圆柱体效果

2.2.1 知识要点

本例使用"矩形选框工具"绘制圆柱体的形状,为实现立体的效果,使用"渐变工具"对选区填充渐变,最后为圆柱体制作投影效果。

2.2.2 实现步骤

1)按<Ctrl+N>组合键,弹出"新建"对话框,参照图2-24进行设置。

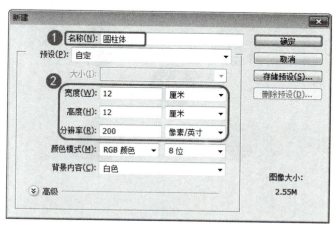

图2-24 新建文件

2)新建图层并绘制矩形选区。单击"图层"面板中的"创建新图层"按钮 (<Shift+Ctrl+N>组合键),新建"图层1"。选择工具箱中的"矩形选框工具",在图像窗口中绘制一个矩形选区,如图2-25所示。

3)选择工具箱中的"渐变工具",在窗口顶部的选项栏中单击"点按可编辑渐变"按钮,在弹出的"渐变编辑器"对话框中编辑渐变效果。从左至右的色标值:色标1(R:230,G:228,B:228),位置0%;色标2(R:152,G:151,B:151),位置25%;色标3(R:255,G:255,B:255),位置72%;色标4(R:172,G:172,B:172),位置100%,如图2-26所示。

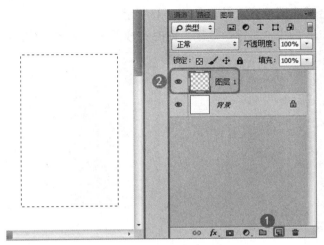

图2-25　绘制矩形选区

图2-26　设置色标颜色

4)在属性栏中选择"线性渐变"模式,并在"渐变工具"属性栏中将"反向""仿色"复选框选中,如图2-27所示。按下<Shift>键自左向右拖动鼠标,创建一个水平的渐变,效果如图2-28所示。

图2-27　设置渐变模式

5)按<Shift+Ctrl+N>组合键新建"图层2",选择工具箱中的"椭圆选框工具",在柱体的上方画一个椭圆选区。利用"选择"→"变换选区"命令变换选区的大小和位置,使椭圆选区的长轴与圆柱体上边重合,如图2-29所示。选择工具箱中的"渐变工具",设置浅灰色(R:148,G:148,B:148)到白色的渐变,在椭圆选区内自左至右拖动鼠标填充选区,效果如图2-30所示。

图2-28　渐变效果　　　图2-29　绘制椭圆选区　　　图2-30　填充渐变后的效果

6）按住<Ctrl>键的同时单击"图层2"的缩览图，将"图层2"载入选区，按方向键盘区中的<↓>键移动选区到圆柱的底部，使选区的下半边与圆柱下边相切，如图2-31所示。

7）选择"图层1"，选择"选择"→"反向"命令（或按<Shift+Ctrl+I>组合键），选择其他区域，如图2-32所示。选择工具箱中的"橡皮擦工具"，擦掉圆柱体下面的两个角，然后按<Ctrl+D>组合键取消选区，效果如图2-33所示。

8）根据制作球体投影的方法制作出圆柱体的投影效果。此时完成最终效果的制作。

图2-31　移动选区后的效果

图2-32　选择区域

图2-33　擦除后的效果

2.2.3 知识解析

使用选框工具可选择矩形、椭圆形，以及宽度为一个像素的行和列。

1）选择选框工具。

矩形选框工具：可建立一个矩形选区（配合使用<Shift>键可建立正方形选区）。

椭圆选框工具：可建立一个椭圆形选区（配合使用<Shift>键可建立圆形选区）。

单行或单列选框工具：可选择宽度为一个像素的行或列。

2）在属性栏中指定选区选项，如图2-34所示。

图2-34　属性栏

3）在属性栏中指定羽化设置，为选框工具打开或关闭消除锯齿设置。

4）对于矩形选框工具或椭圆选框工具，在属性栏中选择一种样式。

正常：通过拖动确定选框比例。

固定比例：设置高宽比。例如，若要绘制一个宽度是高度两倍的选框，可在"宽度"和"高度"文本框中分别输入"2"和"1"，如图2-35所示。

图2-35　固定比例

固定大小：为选框的高度和宽度指定固定的值，可输入整数像素值，如图2-36所示。

图2-36　固定大小

> **提示**
>
> 除像素（px）外，"高度"值和"宽度"值还可以使用其他单位，如英寸（in）或厘米（cm）。

2.2.4 自主练习——红绿灯

红绿灯效果如图2-37所示，简要制作步骤如下。

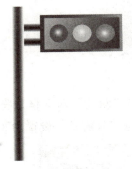

图2-37　红绿灯效果

1）新建"图层1"（<Shift+Ctrl+N>），绘制灯杆。

2）新建"图层2"，绘制连接灯杆和灯箱的两个连接柱。

3）新建"图层3"，绘制灯箱：先绘制矩形选区，利用"渐变工具"自左至右为选区填充深灰色到浅灰色的线性渐变，然后选择"选择"→"修改"→"收缩"命令，将选区收缩70像素，自左至右为收缩后的选区填充浅灰色到深灰色的线性渐变。

4）新建"图层4"，绘制红灯、黄灯、绿灯。

2.3 圆锥体效果

本节介绍圆锥体效果的制作,圆锥体效果如图2-38所示。

扫码看视频

图2-38 圆锥体效果

2.3.1 知识要点

本例使用"矩形选框工具"绘制圆锥体的形状,并使用"渐变工具"对选区填充渐变,为实现立体的效果,用"自由变换工具"制作圆锥体,最后为圆锥体制作投影效果。

2.3.2 实现步骤

1)按<Ctrl+N>组合键,弹出"新建"对话框,将"名称"设置为"圆锥体",设置"宽度""高度"均为12厘米,将"分辨率"设置为200像素/英寸,如图2-39所示。

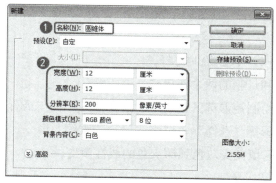

图2-39 新建文件

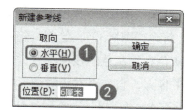

图2-40 新建参考线参数设置

2)单击"确定"按钮,在菜单栏中选择"视图"→"新建参考线"命令,打开"新建参考线"对话框,设置"取向"为"水平",在"位置"文本框中输入"6厘米",如图2-40所示。

3)单击"确定"按钮便可在文档中新建一条水平的参考线,按照同样的方法建立"取向"为"垂直"、"位置"为6厘米的参考线,效果如图2-41所示。

4)新建"图层1",选择工具箱中的"矩形选框工具",先让鼠标指针与两条参考线的交点重合,然后按住<Alt>键不放,以交点为对称中心创建矩形选区,如图2-42所示。

 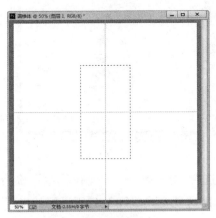

图2-41　新建的参考线　　　　　　图2-42　创建矩形选框

5)选择"线性渐变工具",设置浅灰色到白色到深灰色的渐变。自左至右的色标值:色标1(R:212,G:208,B:208),位置:0%;色标2(R:255,G:255,B:255),位置:30%;色标3(R:145,G:144,B:144),位置:100%。按下<Shift>键,分别以矩形选区的两条垂直的边为起点和终点创建一个水平的渐变,得到图2-43所示的效果。

6)按<Ctrl+D>组合键取消选区,再选择"编辑"→"变换"→"透视"命令,矩形四周会出现8个控制点,如图2-44所示。

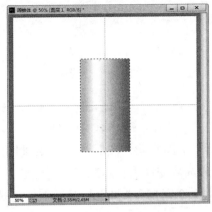 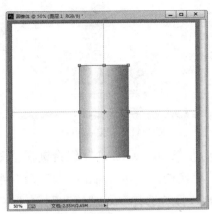

图2-43　渐变后的效果　　　　　　图2-44　执行"透视"命令后的效果

7）将上端的两个控制点拖到中间，使它们在垂直辅助线上相交，得到锥形效果，如图2-45所示。

8）选择"椭圆选框工具"，按创建矩形选区的方法，以锥形下边的中点为圆心创建一个椭圆形选区，如图2-46所示。

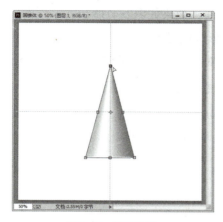
图2-45　锥形效果

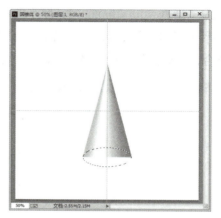
图2-46　创建椭圆形选区

9）选择"选择"→"变换选区"命令，再选择"编辑"→"变换"→"透视"命令，将选区透视变换成图2-47所示的效果。

10）按<Enter>键确认，再次选择"选择"→"变换选区"命令，调整选区大小和位置，如图2-48所示，按<Enter>键确认变换。将选区反选（按<Shift＋Ctrl＋I>组合键），并选择工具箱中的"橡皮擦工具"，擦掉圆锥体下面多余的部分，得到的锥体效果如图2-49所示。

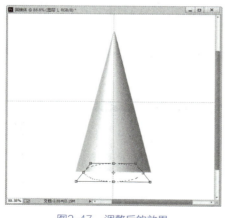
图2-47　调整后的效果

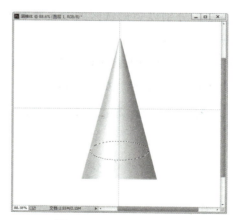
图2-48　调整大小和位置

11）按<Shift+Ctrl+N>组合键在"图层1"下面新建"图层2"，先绘制矩形选区，再利用"变换选区"和"自由变换"命令将矩形选区变换为图2-50所示的形状。

12）选择"选择"→"修改"→"羽化"命令，打开"羽化"对话框，将选区羽化5

个像素，将前景色设置为深灰色（R：153，G：149，B：149），按<Alt+Delete>组合键为选区填充该颜色。此时完成最终效果的制作。

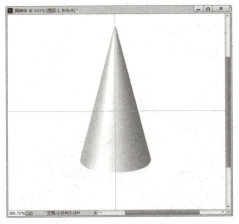

图2-49　擦除后的效果

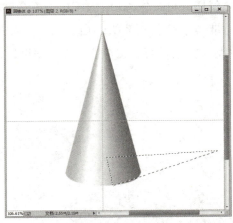

图2-50　变换形状

2.3.3 知识解析

1. 缩放

如果要通过拖动进行缩放，可拖动手柄。拖动角手柄时按住<Shift>键可按比例缩放。要根据数字进行缩放，可在属性栏的"宽度"和"高度"文本框中输入百分比。单击"链接"按钮 可以保持长宽比。原图与缩放效果如图2-51和图2-52所示。

图2-51　原图

图2-52　缩放效果

2. 旋转

要通过拖动进行旋转，可将鼠标指针移到定界框之外（鼠标指针变为弯曲的双向箭头），然后拖动。按<Shift>键可将旋转限制为按15°增量进行。要根据数字进行旋转，可在属性栏的"旋转"文本框△中输入度数，效果如图2-53所示。

3. 斜切

要斜切，可按住<Shift＋Ctrl>组合键并拖动边手柄。当定位到边手柄上时，鼠标指针变为带一个小双向箭头的白色箭头。如果要根据数字斜切，可在属性栏的H（水平斜切）和V（垂直斜切）文本框中输入角度，效果如图2-54所示。

图2-53　旋转效果

图2-54　斜切效果

4. 扭曲

要相对于外框的中心点扭曲，可按住<Alt>键并拖动手柄。要自由扭曲，可按住<Ctrl>键并拖动手柄，效果如图2-55所示。

5. 透视

要应用透视，可按住<Alt+Shift+Ctrl>组合键并拖动角手柄。当将鼠标指针放置在角手柄上方时，变为灰色箭头，透视效果如图2-56所示。

图2-55　扭曲效果

图2-56　透视效果

6. 变形

"变形"命令允许用户拖动控制点以变换图像的形状或路径等。用户也可以使用属性栏中的"变形"下拉列表中的形状进行变形。"变形"下拉列表中的形状是可延展的，可拖动图像的控制点进行变形。当使用控制点来扭曲图像时，选择"视图"→"显示额外内容"命令可显示或隐藏变形网格和控制点，如图2-57所示。

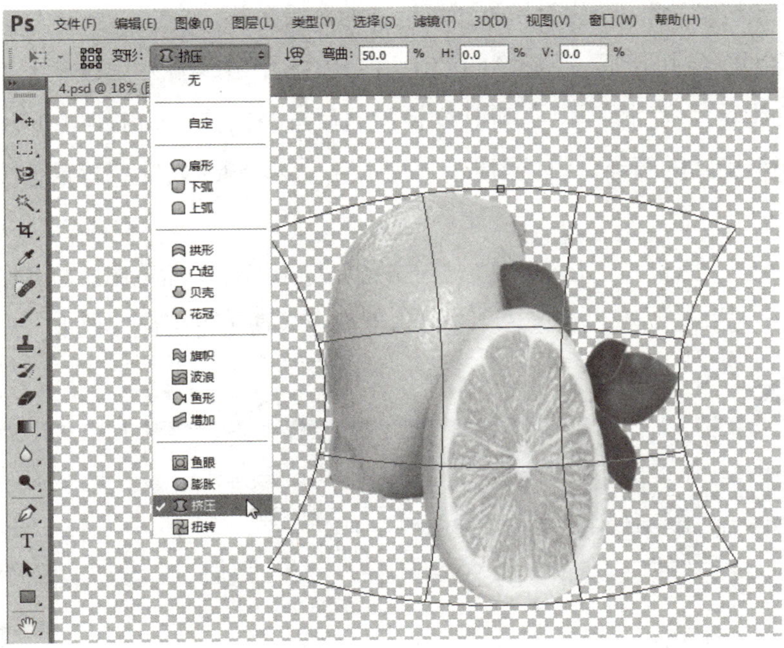

图2-57 "变形"下拉列表

2.3.4 自主练习——绚丽花纹

绚丽花纹的最终效果如图2-58所示。

1）按<Ctrl+N>组合键新建宽度、高度均为12厘米，背景色为黑色，分辨率为200像素/英寸的文件。

2）按<Shift+Ctrl+N>组合键新建"图层1"，利用"椭圆选框工具"绘制一个正圆选区，选择"编辑"→"描边"命令，打开"描边"对话框，设置描边宽度为"1px"，颜色为"白色"。

3）按<Alt+Ctrl+T>组合键，对圆形进行复制变换，在属性栏中设置"参考点位置"为右上角，选择"保持长宽比"选项，将长宽放大到原来的110%。

图2-58 绚丽花纹

4）按6次<Alt+Shift+Ctrl+T>组合键，得到6个圆，选中"图层1"，选择"选择"→"相似图层"命令将除"背景"图层外的所有图层选中,再选择"图层"→"合并图层"命令(或按<Ctrl+E>组合键),将选中的图层合并。

5)选中合并得到的图层,按<Alt+Ctrl+T>组合键,在属性栏中将参考点位置设置为右上角,设置旋转角度为20°,并确认变换。然后按15次"<Alt+Shift+Ctrl+T>组合键,共得到16个旋转的圆环,组成图形。按照第4)步,再次将除"背景"图层外的图层合并成一个图层。

6)在"图层"面板中按住<Ctrl>键单击合并得到的图层缩览图,将其载入选区,使用"渐变工具"选择渐变预设色谱,为选区填充颜色,便可得到最终效果。

> **提示**
>
> 读者可以将其他图案通过复制变换得到许多意想不到的效果。

2.4 制作苹果效果

扫码看视频

本例介绍基础的几何图形苹果效果的制作,效果如图2-59所示。

2.4.1 知识要点

综合运用上述所介绍的球体、圆柱体、圆锥体的制作方法,学习苹果效果的制作。

图2-59 苹果效果

2.4.2 实现步骤

1)新建文件,新建"图层1",使用"椭圆选框工具"按住<Shift>键绘制正圆。和立体小球的制作一样,只是这里将渐变填充色设置为6种颜色的渐变。从左至右的色标颜色值:色标1(R:80,G:80,B:80),位置0%;色标2(R:165,G:196,B:

72），位置11%；色标3（R：246，G：255，B：146），位置37%；色标4（R：165，G：196，B：72），位置63%；色标5（R：115，G：148，B：50），位置80%；色标6（R：169，G：234，B：100），位置100%。填充后可得图2-60所示的效果。

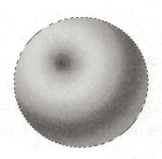

图2-60　渐变填充后的效果

2）新建"图层2"，选择工具箱中的"画笔工具"，（快捷键<B>），并在窗口顶部的属性栏中设置其属性，如图2-61所示，设置画笔的主直径是19像素，硬度为100%，在苹果上面绘制苹果的柄。

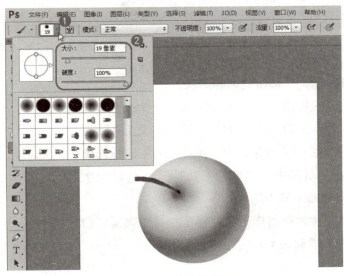

图2-61　绘制苹果柄

3）新建投影图层，按制作球体投影的方法制作出苹果的投影效果。此时完成最终效果的制作。

2.4.3 知识解析

下面介绍如何调整选区。

先建立一个选区，在属性栏中指定某个选区选项。

1）添加到选区：在建立新选区时先单击图2-62中的B按钮，此时鼠标指针旁边将出现一个加号；或者不利用属性栏进行设置，在绘制时直接按住<Shift>键。按<Alt>键可以创建一个相交的选区。

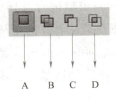

图2-62　选区属性栏

2）从选区减去：单击图2-62中的C按钮时，鼠标指针旁边将出现一个减号，表明将从原来的选区中减去新绘制的选区；或者不利用属性栏进行设置，在绘制时直接按住<Alt>键。

3）与选区交叉：单击图2-62中的D按钮时，鼠标指针旁边将出现一个"×"，表明取原来选区和新绘制选区相交的部分作为最后的选区；或者不利用属性栏进行设置，在绘制时按住<Alt+Shift>组合键。

2.4.4 自主练习——葡萄

葡萄的最终效果如图2-63所示。

1）绘制椭圆选区，变形出葡萄的形状。

2）新建图层（快捷键Shift+Ctrl+N），为选区填充浅绿色（R：198，G：222，B：108），用"减淡工具"在葡萄的边缘擦出淡淡的透光效果，用"加深工具"涂抹出葡萄籽的效果。选择工具箱中的"铅笔工具" ，将前景色设置为黑色，画出葡萄下的小黑点。

3）利用复制变换操作制作出其他葡萄粒，并调整它们的位置和大小，使其看起来更真实一些。

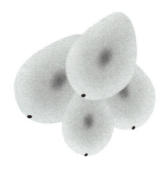

图2-63 葡萄效果

【素养提升】

本章主要讲解了Photoshop软件的基本操作。学习基础知识的目的是为了掌握全面的知识，为自己将来能熟练应用软件打好基础，作好铺垫。《荀子》劝学篇中有云"不积跬步，无以至千里；不积小流，无以成江海。"鼓励我们做事情要注重点滴的积累，从小做起，积少成多，就像走路一样，一步一步来，总能走得很远，路程再远，只要坚持不懈地往前走就终能够到达，一条条小的河流汇聚在一起也能形成大海，学习或做事都是在点滴中积累而得的。

中央电视台系列纪录片《大国工匠》中的"大国工匠"基本都是奋斗在生产第一线的杰出劳动者，都是从一点一滴的基础做起，好学、勤学、练就手艺成为行业高手，他们以其聪明才智、敬业勤勉书写着一线劳动者的不平凡。他们为我们的时代、为我们的社会做出突出的贡献，让我们为之震惊，为之叹服，为之激动，为之点赞。

第3章 数码照片的编辑——图像的处理

【本章导读】

知识基础
- 图像调整的应用
- 橡皮擦工具的使用

重点知识
- 图片的简单处理
- 证件快照的制作

提高知识
- 照片的合成
- 拼接照片

随着数码相机在日常生活中的普及,人们对数码照片的关注不断提高。利用计算机技术,不仅可以弥补拍摄过程中造成的不足,还可以对照片进行艺术化处理,得到胶片相机无法得到的效果。本章将主要介绍优化数码照片的色彩、合成不同的照片和去除照片瑕疵等图像处理技术。通过学习,读者可以感受软件的神奇,不仅能开启发现美的眼睛,还能激发对生活的热爱。

3.1　令照片的色彩更加鲜艳

扫码看视频

在平时拍照时，难免会因为光线不足而导致照片灰暗，本例将介绍如何调整照片的亮度，对郊外拍摄的照片进行亮度调整的前后效果如图3-1所示。

图3-1　调整照片亮度的前后效果

3.1.1　知识要点

利用"色阶"命令将图像调亮，使图像更加清晰明亮。

3.1.2　实现步骤

1）按<Ctrl+O>组合键，打开配套资源中的素材/Cha03/调整照片亮度素材.jpg文件，如图3-2所示。

图3-2　打开的素材文件

2）在菜单栏中选择"图像"→"调整"→"色阶"命令，如图3-3所示。

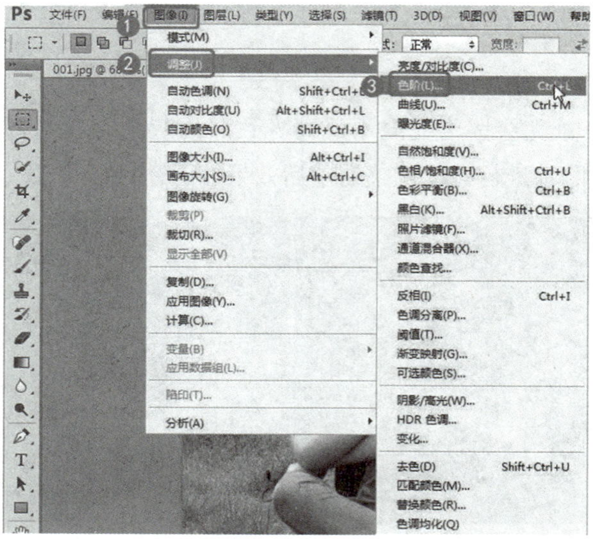

图3-3 选择"色阶"命令

3）在弹出的对话框中将"输入色阶"分别设置为0、0.8、152，如图3-4所示。
4）设置完成后单击"确定"按钮，即可完成调整，效果如图3-5所示。

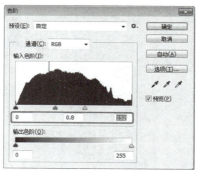

图3-4 调整"输入色阶"参数

图3-5 调整后的效果

3.1.3 知识解析

展开"图像"→"调整"菜单，可以看到图3-6所示的色调和色彩的调整命令。

1. 色阶

"色阶"通过调整图像暗调、灰色调和高光的亮度级别来校正图像的影调，包括反差、明暗和图像层次，以及图像的色彩。

打开"色阶"对话框或"色阶"面板的方法有以下几种。

● 在菜单栏中选择"图像"→"调整"→"色阶"命令。

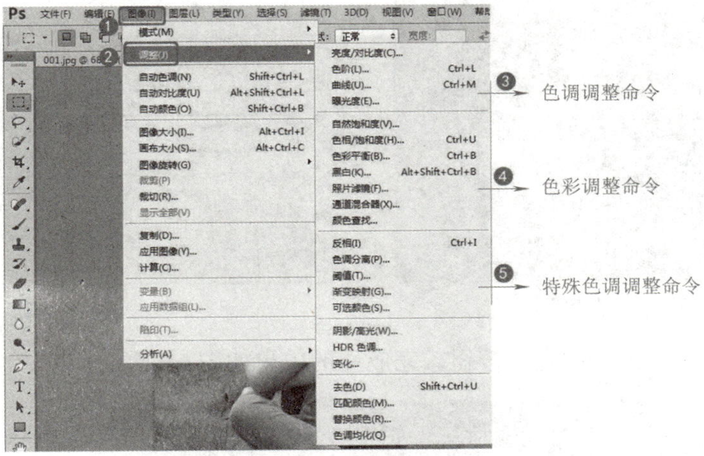

图3-6 "调整"菜单

● 导入图像后，按<F7>键打开"图层"面板，在该面板中单击"创建新的填充或调整图层"按钮，在弹出的快捷菜单中选择"色阶"命令，如图3-7所示，弹出的"色阶"面板如图3-8所示。

● 按<Ctrl+L>组合键，弹出"色阶"对话框。

图3-7 "色阶"命令

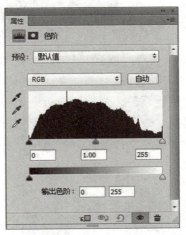

图3-8 "色阶"面板

2. 色彩平衡

"色彩平衡"可以更改图像的总体颜色，常用来进行普通的色彩校正。

下面介绍使用"色彩平衡"调整图像总体颜色的操作方法。

1）打开配套资源中的素材/Cha03/色彩平衡素材.jpg文件，如图3-9所示。

2）在菜单栏中选择"图像"→"调整"→"色彩平衡"命令，打开"色彩平衡"对话框。在该对话框中将"色彩平衡"选项组中的"色阶"分别设置为+100、-100、-100，如图3-10所示。

图3-9　打开的素材文件

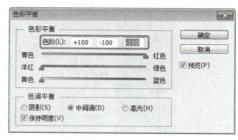

图3-10　设置色彩平衡

3）设置完成后单击"确定"按钮，完成后的效果如图3-11所示。

图3-11　完成后的效果

在进行调整时，首先应在"色调平衡"选项组中选择要调整的色调范围，包括"阴影""中间调"和"高光"，然后在"色阶"文本框中输入数值，或者拖动"色彩平衡"选项组内的滑块进行调整。当滑块靠近一种颜色时，将减少另外一种颜色。例如，如果将最上面的滑块移向"青色"，其他参数保持不变，就可以在图像中增加青色，减少红色，如图3-12所示。如果将滑块移向"红色"，其他参数保持不变，则增加红色，减少青色，如图3-13所示。

图3-12　增加青色，减少红色

图3-13　增加红色，减少青色

将滑块移向"洋红"，效果如图3-14所示。将滑块移向"绿色"，效果如图3-15所示。

图3-14 增加洋红,减少绿色　　　　　图3-15 增加绿色,减少洋红

将滑块移向"黄色",效果如图3-16所示。将滑块移向"蓝色",效果如图3-17所示。

图3-16 增加黄色,减少蓝色　　　　　图3-17 增加蓝色,减少黄色

3. 调整亮度/对比度

"亮度/对比度"可以对图像的色调范围进行简单的调整。在菜单栏中选择"图像"→"调整"→"亮度/对比度"命令,如图3-18所示,弹出"亮度/对比度"对话框,如图3-19所示。

图3-18 选择"亮度/对比度"命令

下面介绍使用"亮度/对比度"调整图像亮度的操作方法。

1）打开配套资源中的素材/Cha03/亮度/对比度素材.jpg文件，如图3-20所示。

2）在菜单栏中选择"图像"→"调整"→"亮度/对比度"命令，在弹出的对话框中选择"使用旧

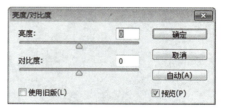

图3-19　"亮度/对比度"对话框

版"复选框，然后向左侧拖动滑块，将图像的亮度和对比度调到-40，如图3-21所示。

图3-20　亮度/对比度素材.jpg

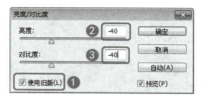

图3-21　调整图像的亮度和对比度

3）设置完成后的显示效果如图3-22所示。

4）使用原素材，向右侧拖动滑块则增加亮度和对比度，将亮度设置为24，将对比度设置为23，调整亮度后的效果如图3-23所示。

图3-22　显示效果

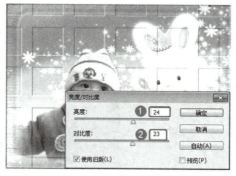

图3-23　增加亮度后的效果

提示

"亮度/对比度"会对每个像素进行相同程度的调整（即线性调整），有可能丢失图像细节。对于高端输出，最好使用"色阶"或"曲线"命令，这两个命令可以对图像中的像素比例进行调整（非线性调整）。

4. 曲线

"曲线"命令可以通过调整图像色彩曲线上的任意一个像素点来改变图像的色彩范围,其具体的操作方法如下。

1)打开配套资源中的素材/Cha03/曲线素材.jpg文件,如图3-24所示。

2)在菜单栏中选择"图像"→"调整"→"曲线"命令,打开"曲线"对话框,在显示框中的倾斜线上拾取一点,然后将"输出"设置为107,将"输入"设置为54,如图3-25所示。

3)设置完成后单击"确定"按钮,完成后的效果如图3-26所示。

图3-24 打开的素材文件

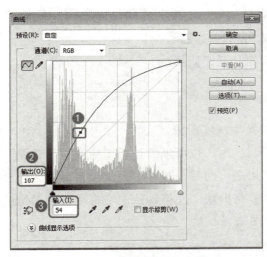

图3-25 设置"曲线"参数

图3-26 完成效果

5. 色相/饱和度

"色相/饱和度"命令可以调整图像中特定颜色分量或所有颜色的色相、饱和度和亮度。该命令尤其适用于微调CMYK图像中的颜色,以便它们处在输出设备的色域内。其操作方法如下。

1)打开配套资源中的素材/Cha03/色相/饱和度素材.jpg文件,如图3-27所示。

2)在菜单栏中选择"图像"→"调整"→"色相/饱和度"命令,打开"色相/饱和度"对话框。在该对话框中将"色相"设置为180,如图3-28所示。

3)设置完成后单击"确定"按钮,完成后的效果如图3-29所示。

图3-27 打开的素材文件

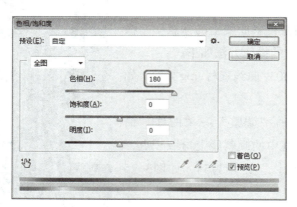

图3-28　设置参数　　　　　　　图3-29　完成后的效果

6. 阴影/高光

当照片曝光不足时，使用"阴影/高光"命令在打开的图3-30所示的"阴影/高光"对话框中可以轻松校正。该命令不是简单地将图像变亮或变暗，而是基于阴影或高光区周围的像素协调地增亮和变暗。

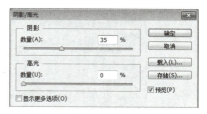

7. 黑白

使用"黑白"命令可将彩色图像转换为灰度图像，

图3-30　"阴影/高光"对话框

同时保持对各颜色的转换方式的完全控制。用户也可以通过对图像应用"色调"来为灰度着色。选择"图像"→"调整"→"黑白"命令，打开"黑白"对话框，通过拖动颜色滑块可调整图像中特定颜色的灰色调。将滑块向左拖动或向右拖动可使图像的灰色调变暗或变亮，"黑白"对话框如图3-31所示。

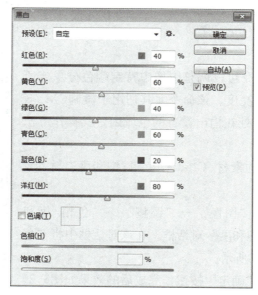

图3-31　"黑白"对话框

3.1.4 自主练习——制作反转负冲效果

反转负冲是胶片拍摄中一种比较特殊的手法，就是用负片的冲洗工艺来冲洗反转片，这样会得到比较有趣的色彩效果。反转负冲前后效果图对比如图3-32所示。

打开配套资源中的素材/Cha03/反转负冲效果素材.jpg文件，如图3-33所示。

图3-32　反转负冲前后效果　　　　　　　　图3-33　素材文件

下面将通过实例来讲解如何制作反转负冲效果，具体制作过程如下。

1）首先复制"背景"图层并选中。

2）切换至"通道"面板，选择"红"通道。在菜单栏中选择"图像"→"应用图像"命令，在弹出的"应用图像"对话框中将"混合"定义为"颜色加深"并确定。

3）使用同样的方法设置"绿"和"蓝"通道的参数，然后返回到"通道"面板中，观察"RGB"通道效果。

4）返回"图层"面板，选择"背景拷贝"图层，然后在"图层"面板中调整"亮度/对比度"参数，即可完成操作。

3.2　调整眼睛的比例

扫码看视频

本例将介绍如何调整眼睛的比例，首先复制选区，然后变形选区并调整位置，最后使用"橡皮擦工具"擦除多余的部分，前后效果如图3-34所示。

图3-34 调整眼睛比例前后效果

3.2.1 知识要点

下面将介绍如何使用"橡皮擦工具"对图形进行调整。

3.2.2 实现步骤

1）按<Ctrl+O>组合键，打开配套资源中的素材/Cha03/调整眼睛比例素材.jpg文件，如图3-35所示。

2）在工具箱中单击"矩形选框工具"按钮，在文档中框选素材中右侧的眼睛，如图3-36所示。

图3-35 素材文件

图3-36 框选素材

3）在该对象上右击鼠标，在弹出的快捷菜单中选择"通过拷贝的图层"命令，如图3-37所示。

4）按<Ctrl+T>组合键变换选区，右击鼠标，在弹出的快捷菜单中选择"水平翻转"命令，如图3-38所示。

图3-37　选择"通过拷贝的图层"命令

图3-38　选择"水平翻转"命令

5）翻转后，在文档中调整该对象的位置和角度，如图3-39所示。

6）按<Enter>键确认，在"图层"面板中选中该图层，在工具箱中单击"橡皮擦工具"按钮，在工具属性栏中将画笔大小设置为150，将硬度设置为0，将"不透明度"设置为78%，在文档中对复制后的眼睛进行擦除，效果如图3-40所示。

图3-39　调整对象的位置和角度

图3-40　擦除后的效果

3.2.3 知识解析

使用"橡皮擦工具"组中的工具，就像在学习中使用的橡皮擦，但并不完全相同。"橡皮擦工具"组中的工具，不但可以擦除像素，将像素更改为背景色或透明，还可以进行像素填充。

1. 橡皮擦工具

使用橡皮擦工具可以将不喜欢的图像进行擦除。橡皮擦工具的颜色取决于背景色的RGB值，如果在普通图层上使用，则会将像素涂抹成透明效果。下面介绍该工具的使用方法。

1）打开配套资源中的素材/Cha03/橡皮擦素材.jpg文件，如图3-41所示。

2）在工具箱中右击 按钮，在弹出的列表中选择"橡皮擦工具"，如图3-42所示。

图3-41　素材文件　　　　　　图3-42　选择工具

3）在工具属性栏中单击 按钮，将"大小"设置为30，然后在工具箱中将背景色的RGB值设置为255、255、255，如图3-43所示。

4）在素材中进行涂抹，完成后的效果如图3-44所示。

图3-43　设置参数　　　　　　图3-44　涂抹后的效果图

2. 背景橡皮擦工具

背景橡皮擦工具是一种可以擦除指定颜色的擦除器，这个指定颜色称为标本色，表示背景色。使用背景橡皮擦工具可以进行选择性的擦除。

背景橡皮擦工具的擦除功能非常灵活，在一些情况下可以达到事半功倍的效果。

背景橡皮擦工具的属性栏如图3-45所示，其中包括"画笔"设置项、"限制"下拉列表、"容差"设置框、"保护前景色"复选框及取样设置等。

图3-45 "背景橡皮擦工具"属性栏

3. 魔术橡皮擦工具

与橡皮擦工具不同，魔术橡皮擦工具在同一位置、同一RGB值的位置上单击时可将其擦除。下面介绍该工具的使用方法。

1）打开配套资源中的素材/Cha03/魔术橡皮擦素材.jpg文件，如图3-46所示。

2）在工具箱中右击 按钮，在弹出的列表中选择"魔术橡皮擦工具"，并在图像中的空白处单击，效果如图3-47所示。

图3-46 素材文件　　　图3-47 效果图

3.2.4 自主练习——制作美白牙齿效果

有时，当拍完一张比较不错的照片后，却发现人物的牙齿部分有些发黄，这很不美观。下面使用"去色""亮度/对比度"和"色彩平衡"等命令快速美白牙齿，前后效果如图3-48所示。

打开配套资源中的素材/Cha03/美白牙齿效果素材.jpg文件，如图3-49所示。下面将通过实例来介绍如何制作美白牙齿效果，简要制作过程如下。

1）首先在工具箱中选择"钢笔工具"，在场景中沿人物的牙齿部分绘制路径，并将其转换为选区。

2）然后在菜单栏中选择"图像"→"调整"→"去色"命令，去掉选区的图形颜色。

3）在菜单栏中选择"图像"→"调整"→"亮度/对比度"命令，设置合适的亮度和对比度。

4）在菜单栏中选择"图像"→"调整"→"色彩平衡"命令，调整颜色参数，即可完成牙齿美白效果的制作。

图3-48　前后效果　　　　　　　　　　　　　　　图3-49　打开的素材文件

提示

执行"去色"命令可以删除彩色图像的颜色，但不会改变图像的颜色模式。

3.3　制作双色调模式的照片

扫码看视频

在数码照片的处理中，可以使用尽量少的颜色表现尽量多的颜色层次，从而减少印刷成本。可以向灰度图像中最多添加4种颜色，这样可以打印出比单纯的灰度模式颜色丰富的图像，并能产生特殊的效果，前后效果如图3-50所示。

图3-50　前后效果

3.3.1 知识要点

利用"图像"→"模式"→"双色调"命令制作双色调的照片效果。

3.3.2 实现步骤

1)按<Ctrl+O>组合键,打开配套资源中的素材/Cha03/制作双色调模式的照片素材.jpg文件,如图3-51所示。

2)将图片转换为灰度模式。在菜单栏中选择"图像"→"模式"→"灰度"命令,如图3-52所示。

图3-51　素材文件　　　　图3-52　选择"灰度"命令

3)然后在弹出的"信息"对话框中单击"扔掉"按钮,将图片转换为灰度模式,如图3-53所示,灰度模式效果如图3-54所示。

图3-53　单击"扔掉"按钮　　　　图3-54　显示效果

4)将图片转换为双色调模式。选择"图像"→"模式"→"双色调"命令,打开"双色调选项"对话框,将"类型"设置为双色调,设置"油墨2"的颜色为紫色,如图3-55所示。

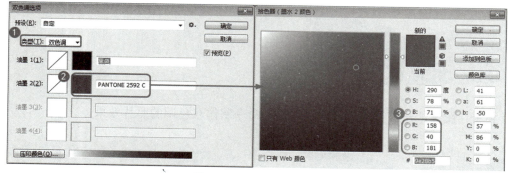

图3-55　设置双色调参数

5）分别设置"油墨1"和"油墨2"的曲线。分别单击"油墨1"和"油墨2"后面的曲线图标，在弹出的"双色调曲线"对话框中设置参数，如图3-56所示。设置好后单击"确定"按钮，最终效果如图3-57所示。

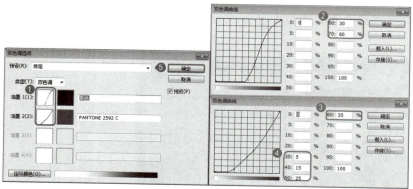

图3-56　设置曲线参数　　　　　　　　　　图3-57　最终效果

3.3.3 知识解析

学习Photoshop，了解模式的概念是很重要的，因为颜色模式决定显示和打印电子图像的色彩模型，即一幅电子图像用什么样的方式在计算机中显示或打印输出。每种模式的图像描述、色彩的原理及所能显示的颜色数量是不同的。

常见的颜色模式包括位图模式、灰度模式、双色调模式、RGB（红、绿、蓝）颜色模式、CMYK（青、洋红、黄、黑）颜色模式、Lab颜色模式、索引颜色模式、多通道模式、8位/通道模式、16位/通道模式。Photoshop的颜色模式基于色彩模型，色彩模型对印刷中使用的图像非常有用，可以从以下模式中选取：RGB（红、绿、蓝）颜色模式、CMYK（青、洋红、黄、黑）颜色模式、Lab颜色模式和灰度模式。

选择"图像"→"模式"命令，打开其级联菜单，如图3-58所示。其中包含了各种颜色模式命令,如常见的灰度模式、RGB颜色模式、CMYK颜色模式及Lab颜色模式等。Photoshop也包含了用于特殊颜色输出的索引颜色模式和双色调模式。

图3-58 "模式"级联菜单

1. RGB颜色模式

RGB颜色模式是色光的色彩模式。R代表红色,G代表绿色,B代表蓝色,3种色彩叠加形成了其他色彩。

因为3种颜色都有256个亮度水平级,所以3种色彩叠加就形成了约1670万种颜色,也就是真彩色,通过它们足以再现绚丽的世界。例如,纯绿色的R值是0,G的值为255,B的值是0。纯白色的R、G、B值都是255,纯黑色的R、G、B值都是0。

在RGB颜色模式中,红、绿、蓝相叠加可以产生其他颜色,因此该模式也称为加色模式。例如,一种明亮红色的可能R值为246,G值为20,B值为50。当3种基色的亮度值相等时,产生灰色;当3种亮度值都是255时,产生纯白色;当所有亮度值都是0时,产生纯黑色。显示器、投影设备及电视机等设备都是依赖于这种加色模式来实现的。就编辑图像而言,RGB颜色模式也是最佳的色彩模式,因为它可以提供全屏幕的24bit的色彩范围,即真彩色显示。但是,如果将RGB颜色模式用于打印就不是最佳的了,因为RGB颜色模式所提供的某些色彩已经超出了打印的范围,这主要是因为打印所用的是CMYK颜色模式,而CMYK颜色模式所定义的色彩比RGB颜色模式定义的色彩少很多,因此打印时,系统自动将RGB颜色模式转换为CMYK颜色模式,这样就难免损失一部分颜色,出现打印后失真的现象。

2. CMYK颜色模式

CMYK代表印刷上用的4种颜色,C代表青色,M代表洋红色,Y代表黄色,K代表黑色。在实际使用中,因为青色、洋红色和黄色很难叠加形成真正的黑色,最多不过是褐色,因此引入了K(黑色)。黑色的作用是强化暗调,加深暗部色彩。在印刷中,CMYK

代表4种颜色的油墨。

CMYK颜色模式在本质上与RGB颜色模式没有什么区别，只是产生色彩的原理不同。在RGB颜色模式中，光源发出的色光混合而生成颜色；在CMYK模式中，光线照到有不同比例C、M、Y、K油墨的纸上，部分光谱被吸收后，由反射到人眼的光产生颜色。由于在混合成色时，随着C、M、Y、K这4种成分的增多，反射到人眼的光会越来越少，光线的亮度会越来越低，所以CMYK颜色模式产生颜色的方法又称为色光减色法。

用CMYK颜色模式编辑虽然能够避免色彩的损失，但运算速度很慢，主要是因为Photoshop必须将CMYK颜色模式转换为显示器所使用的RGB颜色模式。对于同样的图像，RGB颜色模式只需要处理3个通道即可，而CMYK颜色模式则需要处理4个。因此，最好先在RGB颜色模式下编辑，然后转换成CMYK颜色模式的图像，并做出必要的色彩校正、锐化和修正，最后交付印刷。

3. Lab颜色模式

Lab颜色模式的原型是由CIE协会制定的一个衡量颜色的标准，它是一种理论上包含了人眼可以看见的所有色彩的色彩模式。此模式解决了不同的显示器和打印设备所产生的颜色赋值的差异，也就是它不依赖于设备。

Lab颜色模式是以一个亮度分量L及两个颜色分量a和b来表示颜色的。其中，L的取值范围是0～100，a分量代表由绿色到红色的光谱变化，b分量代表由蓝色到黄色的光谱变化，a和b的取值范围均为-120～120。

在Photoshop所能使用的颜色模式中，Lab颜色模式的色域最宽，它包括RGB和CMYK色域中的所有颜色，所以使用Lab颜色模式进行转换时不会造成任何色彩上的损失。Photoshop便是以Lab颜色模式作为内部转换模式来完成不同颜色模式之间的转换的。例如，在将RGB颜色模式的图像转换为CMYK颜色模式的图像时，计算机首先会把RGB颜色模式的图像转换为Lab颜色模式的图像，然后将Lab颜色模式的图像转换为CMYK颜色模式的图像。

4. 灰度模式

灰度模式可以使用多达256级的灰度来表现图像，使图像的过渡更平滑细腻。灰度图像的每个像素有一个0（黑色）～255（白色）之间的灰度值。灰度值也可以用黑色油墨覆盖的百分比来表示（0%表示白色，100%表示黑色）。将彩色图像转换为灰度模式时，Photoshop会扔掉原图中所有的颜色信息，而只保留像素的灰度级。

5. 位图模式

位图模式用黑和白两种颜色来表示图像中的像素。位图模式的图像也称为黑白图像。因为其深度为1，所以也称为一位图像。由于位图模式只用黑白色来表示图像的像素，所以在将图像转换为位图模式时会丢失大量细节，大大简化了图像中的颜色信息，并减小了文件大小。在宽度、高度和分辨率相同的情况下，位图模式的图像尺寸最小。

要将图像转换为位图模式，必须首先将其转换为灰度模式。但是，由于只有很少的选项能用于位图模式图像，所以最好是在灰度模式中编辑图像，然后转换。

> **提示**
>
> 图像只有在灰度模式下才能转换为位图模式，其他颜色模式的图像必须先转换为灰度图像，然后才能转换为位图模式图像。

6. 索引颜色模式

索引颜色模式是网络中和动画中常用的图像模式，包含近256种颜色。索引颜色图像含有一个颜色表。如果原图像中的颜色不能用256色表现，则Photoshop会从颜色表中可使用的颜色中选出最相近的颜色来模拟这些颜色，这样可以减小图像文件的尺寸。颜色表用来存放图像中的颜色，并为这些颜色建立颜色索引。

7. 双色调模式

双色调模式用一种灰度油墨或彩色油墨渲染灰度图像，为双色套印或同色浓淡套印模式。在这种模式中，最多可以向灰度图像中添加4种颜色，这样就可以打印出比单纯的灰度模式颜色丰富的图像，并能产生特殊的效果。双色调模式最主要的用途是使用尽量少的颜色表现尽量多的颜色层次，这对于减少印刷成本是很重要的，因为在印刷时，每增加一种色调就需要更大的成本。

8. 多通道模式

多通道模式对有特殊打印要求的图像非常有用。例如，如果图像中只使用了一两种或两三种颜色，那么使用多通道模式可以减少印刷成本并保证图像颜色的正确输出。

9. 8位/通道模式和16位/通道模式

在RGB或CMYK颜色模式下，可以使用16位通道来代替默认的8位通道。根据默认情况，8位通道中包含256个色阶，如果增到16位，每个通道的色阶数量为65536，这样能得到更多的色彩细节。Photoshop可以识别和输入16位通道的图像，但对这种图像的限制很多，所有的滤镜都不能使用。另外，16位通道模式的图像不能被印刷。

3.3.4 自主练习——制作旧照片效果

打开配套资源中的素材/Cha03/制作旧照片效果素材.jpg，如图3-59所示，利用所学知识调整图像。下面通过实例来讲解如何制作旧照片效果，完成效果如图3-60所示。

图3-59　打开的素材文件　　　　图3-60　旧照片效果

简要制作过程如下。

1）复制"背景"图层为"图层1"。

2）使用"图像"→"调整"→"去色"命令将照片转换为无彩色照片。

3）复制"图层1"为"图层1拷贝"。

4）调整"图层1拷贝"色调。使用"图像"→"调整"→"色阶"命令调整黑、白、灰色调。

5）使用"图像"→"调整"→"阈值"命令把图像转换成黑白二值照片。

6）使用"选择"→"色彩范围"命令选择图像中的白色区域。

7）隐藏"图层"面板中的"图层1拷贝"。

8）激活"图层1"，设置前景色为浅灰黄，使用前景色填充选区（按<Alt+Delete>组合键）。

9）使用"滤镜"→"杂色"→"添加杂色"命令做旧照片即可。

3.4　修复照片中的瑕疵

扫码看视频

在数码照片的处理中，经常需要修复照片中存在的污点和印迹等问题。照片中人物脸上的痘痘影响美观，本节将介绍怎样为人物去除痘痘。图3-61所示为去除面部痘痘前后的效果。

图3-61　去除痘痘的前后效果

3.4.1 知识要点

利用"修复画笔工具""修补工具"和"仿制图章工具"修复旧照片中的瑕疵。

3.4.2 实现步骤

1)按<Ctrl+O>组合键,打开配套资源中的素材/Cha03/修复照片中的瑕疵素材.jpg文件,如图3-62所示。

2)按<Ctrl+J>组合键复制"背景"图层,得到"图层1"。选择工具箱中的"缩放工具",在需要修改的地方单击,放大需要修改的部位,如图3-63所示。

图3-62　素材文件

图3-63　修复部位放大

3)选择工具箱中的"仿制图章工具",设置画笔参数,如图3-64所示。

图3-64　设置画笔参数

4)在修复目标周围寻找与修复目标最匹配的位置作为源点,按住<Alt>键的同时在找到的位置处单击,复制源点信息,如图3-65所示。

5）在修复目标处单击，将源点信息复制到目标位置。重复步骤4）的操作，使用周围皮肤将痘痘逐步替换下来，最终效果如图3-66所示。

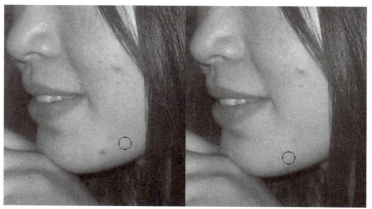

图3-65　复制源点信息　　　　　　　　　　　　图3-66　修复效果

提示

除了"仿制图章工具"外，还可以使用"修复画笔工具""修补工具"和"污点修复工具"进行修复。

3.4.3 知识解析

1. 仿制图章工具、修复画笔工具、修补工具和污点修复画笔工具

这4个工具虽然各有各的用处，但工作原理相似。

1）修复画笔工具、修补工具具有自动匹配颜色的功能，可使修复后的效果自然融入周围图像中，保留着图像原有的纹理和亮度。

2）仿制图章工具只把局部的图像复制到另一处。当修复大面积颜色相似的瑕疵时，使用修复画笔工具是非常有优势的，然而在图像边缘部分修复时还是需要使用仿制图章工具的。

3）污点修复画笔工具继承了修复画笔工具的自动匹配功能，而且进一步加强该功能，可以进行近似匹配，即使用选区边缘周围的像素来查找要用于选定区域修补的图像区域。这个工具不需要定义源点，只要确定好修复的图像位置，就会在确定的修复位置边缘自动找寻相似的部分进行自动匹配。

2. 历史记录面板

（1）动作

当打开一个文档后，历史记录面板会自动记录所做的每一个动作（视图的缩放动作除外）。每一个动作在面板上占据一格，称为状态。Photoshop默认的状态为20步。单击面板中的任意一个状态，就可恢复到该状态。

（2）快照

打开一个文档时，Photoshop默认设置一个快照。快照就是被保存的状态，单击历史记录面板底下的"创建新快照"按钮，就可把当前状态作为快照保存下来。它保存的是一个状态。

（3）历史记录画笔

历史记录画笔的作用是还原某个状态的某部分。在修复的过程中，可以为做过的工作建立快照，在发生错误后单击相应快照，使用历史记录画笔在错误处涂抹即可回到建立快照的状态。这一点可以弥补多步之后不能从历史记录里进行恢复的缺陷。

3.4.4 自主练习——去除眼袋

眼袋这个问题单靠摄影技术难以处理，而通过Photoshop CC的"修补工具"则可以轻易解决。把眼袋除去，会让照片更加美观，图3-67所示为去除眼袋前后的两张照片效果。

图3-67　去除眼袋前后的效果

首先打开配套资源中的素材/Cha03/去除眼袋素材.jpg文件，然后通过前面所学的知识介绍如何去除眼袋，简要制作过程如下。

1）在工具箱中选择"缩放工具" ，将眼睛部分放大到合适的大小。

2）在工具箱中的"污点修复画笔工具"按钮 处单击鼠标右键，选择"修补工具" ，在窗口中拖动鼠标左键选取眼袋区域。

3）选取完成后，按住鼠标左键向下拖动，眼袋处即被下方的光滑皮肤覆盖。

4）释放鼠标左键,然后按<Ctrl+D>组合键取消选区。

5）使用相同的方式将另一只眼睛的眼袋去除。

> **知识链接**
>
> "修补工具"是通过选区来进行图像修复的。"修补工具"会将样本像素的纹理、光照和阴影等与源像素进行匹配。用户还可以使用"修补工具"来仿制图像的隔离区域。

3.5 制作证件快照

扫码看视频

一般来说1寸证件照一版8张，2寸证件照一版4张，排版在5寸相纸上，背景颜色为白色或淡蓝色。本书为照片加边框，并定义为图案，利用"填充图案"命令实现在一张5寸相纸上排列8张一寸证件照片，效果如图3-68所示。

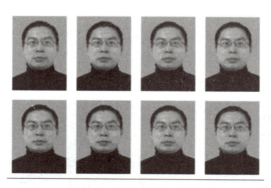

图3-68 制作的证件照效果

3.5.1 知识要点

本例首先使用"裁剪工具"将照片裁切成一寸证件照的规格，然后使用"魔棒工具"将人物抠取出来，接着为照片设置背景，并将设置完成的照片定义为图案，最后新建文件并填充图案，此时便完成了制作。

3.5.2 实现步骤

1）按<Ctrl+O>组合键，打开配套资源中的素材/Cha03/证件快照素材.jpg文件，如图3-69所示。

2）选择工具箱中的"裁剪工具"，在其属性栏中设置"宽度"为2.7厘米、"高度"为3.8厘米、"分辨率"为300像素/英寸，如图3-70所示。在图像中拖动鼠标选中部分人物，如图3-71所示，双击确定。

图3-69　素材文件

图3-70　设置参数

3）更换背景。使用工具箱中的"魔棒工具"单击灰色背景，按住<Shift>键，在遗漏的区域单击可以增加选区，如图3-72所示。按<D>键，使前景色为浅蓝色，背景色为白色。使用背景色填充选区（按<Alt+Delete>组合键），取消选区（按<Ctrl+D>组合键），效果如图3-73所示。

图3-71　裁剪区域　　　图3-72　增加选区　　　图3-73　填充效果

> **提示**
>
> 按住<Shift>键在遗漏的区域单击可以增加选区，按住<Alt>键单击可以减少选取范围。

4）选择"图像"→"画布大小"命令，打开"画布大小"对话框。在对话框中将画布宽度和高度各增加0.5厘米，如图3-74所示，图片效果如图3-75所示。

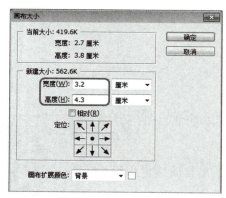

图3-74 调整画布大小　　　　　　图3-75 增大画布后的效果

5）选择"编辑"→"定义图案"命令，在打开的"图案名称"对话框中命名图案，如图3-76所示。

图3-76 定义图案

6）选择"文件"→"新建"命令（或按<Ctrl+N>组合键），在打开的"新建"对话框中设置参数，如图3-77所示。

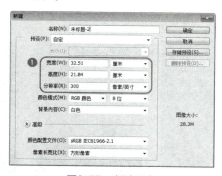

图3-77 新建画布

7）选择"编辑"→"填充"命令，在"填充"对话框中使用定义的一寸照片图案进行填充，设置如图3-78所示。此时完成最终效果的制作。

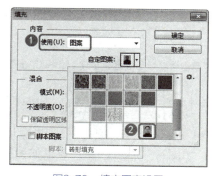

图3-78 填充图案设置

3.5.3 知识解析

我国规定的证件照标准及规格：照片必须是直边正面免冠彩色本人单人半身证件照，光面相纸、背景颜色为白色或淡蓝色，着白色服装的要用淡蓝色背景，着其他颜色服装的最好使用白色背景；人像清晰，层次丰富，神态自然；公职人员不着制式服装，儿童不系红领巾。尺寸：48mm×33mm；头部宽度：21~24mm；头部长度：28~33mm。

（1）相关参数

证件照的标准及规格见表3-10。

表3-1 证件照标准及规格

英寸	毫米	像素	数码相机类型
1	35×25	413×295	
身份证大头照	33×22	390×260	
2	53×35	626×413	
小2（护照）	48×33	567×390	
5	127×89	1500×1051	1200×840以上像素的数码相机
6	152×102	1795×1205	1440×960以上像素的数码相机
7	178×127	2102×1500	1680×1200以上像素的数码相机
8	203×152	2398×1795	1920×1440以上像素的数码相机
10	254×203	3000×2398	2400×1920以上像素的数码相机
12	305×203	3602×2398	2500×2000以上像素的数码相机
15	381×254	4500×3000	3000×2000像素的数码相机

（2）常见证件照对应尺寸

1英寸=35mm×25mm　　2英寸=49mm×35mm　　3英寸=52mm×35mm

港澳通行证=48mm×33mm　　赴美签证=50mm×50mm　　日本签证=45mm×45mm

大2寸=45mm×35mm　　护照=48mm×33mm　　毕业照=48mm×33mm

身份证=32mm×22mm　　驾照=26mm×21mm　　车照=91mm×60mm

3.5.4 自主练习——制作条纹背景图

本小节将使用已经学习的"定义图案"和"填充图案"命令制作条纹背景图。打开配套资源中的素材/Cha03/制作条纹背景素材.jpg文件，如图3-79所示，具体操作步骤如下。

1）新建文件，设置宽度为2像素，高度为4像素，背景内容透明。使用工具箱中的放大工具放大新建的文件。

  2）使用"矩形选框工具"在画布上拖动，得到矩形选区，填充为白色。

  3）全选画布（按<Ctrl+A>组合键），选择"编辑"→"定义图案"命令定义图案。

  4）打开需要处理的背景图片，设置前景色为白色。新建"图层1"，在"图层1"使用步骤3）定义的图案填充，在"图层"面板中适当调整"图层1"的不透明度，完成的填充效果如图3-80所示。

图3-79　打开的素材文件　　　　图3-80　完成效果

提示

根据背景图大小和需要条纹的宽窄可适当设置矩形选区的宽度及高度。按<D>键自动设置背景为白色，前景为黑色。单击工具箱中的"切换前景色和背景色"按钮，交换背景色和前景色。

3.6　合成照片

扫码看视频

  本例将两张色调不同的照片合成为一张，效果如图3-81所示。

图3-81　完成后的效果

3.6.1 知识要点

首先使用抠图技术将人物抠出,复制并粘贴到背景图片中,然后使用色调调整工具调整图片的色调。

本例将介绍如何为照片替换背景,用到的主要工具是"快速选择工具""移动工具"等。

3.6.2 实现步骤

1)首先打开配套资源中的素材/Cha03/合成照片素材1.jpg和合成照片素材2.jpg两个文件,如图3-82和图3-83所示。

2)在工具箱中单击"快速选择工具"按钮,将画笔大小设置为15像素,将硬度设置为100,在"合成照片素材2.jpg"中对空白区域进行选取,选取后的效果如图3-84所示。然后按<Shift+Ctrl+I>组合键进行反选,反选效果如图3-85所示。

图3-82 打开的素材1文件　　图3-83 素材2文件　　图3-84 创建人物选区　　图3-85 反选效果

3)单击"从选区减去"按钮,对素材图形进行修改。在工具箱中单击"移动工具"按钮,将人物拖动到"合成照片素材1.jpg"中,然后按<Ctrl+T>组合键,打开"自由变换"定界框,将人物调整到合适大小,并移动到合适的位置,如图3-86所示。

4)在工具箱中单击"减淡工具"按钮,将画笔的大小设置为15像素,在工作区中对人物的边缘进行涂抹。此时完成最终效果的制作。

图3-86 缩放并调整位置

3.6.3 知识解析

Photoshop中有很多工具和命令可以创建选区,还可以调整选区边缘,下面进行讲解。

1. 选择工具及命令

用于抠图的选择工具及命令有"套索工具""多边形套索工具""磁性套索工具""魔棒工具""路径工具""选择"→"色彩范围"命令、快速蒙版与通道等,它们各有自己的优势,选择工具见表3-2。用户可以根据需要选择。抠图是一件细致的工作,需要反复修改才能得到一个精确的选区。

表3-2 选择工具

按钮	工具名称	特点
	矩形选框工具	拖动鼠标产生一个矩形选区。拖动的时候按住<Shift>键则绘制出一个正方形选区
	椭圆选框工具	拖动鼠标产生一个椭圆形选区。拖动的时候按住<Shift>键则绘制出一个正圆形选区
	单列选框工具	以图像高度在垂直方向上产生宽度为 1 像素的选区
	单行选框工具	以图像宽度在水平方向上产生高度为 1 像素的选区
	套索工具	用鼠标徒手绘制出选区
	多边形套索工具	一步一步地用折线连接成一个选区
	磁性套索工具	将相似的颜色进行分类的选择工具
	魔棒工具	自动将相似的颜色选取出来,非常好用
	路径工具	勾画出曲线路径,再转换成选区
	快速选择工具	使用可调整的圆形画笔笔尖快速绘制选区

下面分两种情况介绍抠图工具的使用。

1）当背景颜色比较单一时，如图3-87所示，可以使用"魔棒工具"或"选择"→"色彩范围"命令。这里主要介绍"魔棒工具"，"色彩范围"命令的用法与其大致相似。设置"魔棒工具"属性栏参数，如图3-88所示。在背景处单击，选择背景，如果还有一些小的区域没有选中，可以用"矩形选框工具"或"椭圆选框工具"，按<Shift>键把它们加入选区。使用"选择"→"反选"命令获取选取区域。

图3-87　颜色单一的素材

图3-88　设置"魔棒工具"属性栏参数

下面对"魔棒工具"属性栏的部分参数进行介绍。

容差：主要用来控制"魔棒工具"的选取范围，其取值范围为0～255。数值越大，选择的范围越大，但选择的精确度会越低；数值越小，选择的范围越小，但选择的精确度会大大提高。

连续：用来控制选取的方式。选择此复选框时，使用"魔棒工具"只能在图像中选择与鼠标指针落点处的像素颜色相近并且相连的部分，如图3-89所示。不选择此复选框时，则可以在图中选择所有与鼠标指针落点处的像素颜色相近的部分，如图3-90所示。

图3-89　连续选择效果

图3-90　未连续选择效果

对所有图层取样：对于具有多个图层的图像文件，一般情况下，所有的操作只对当前图层起作用。选择该复选框，则对所有图层起作用。

2）当背景颜色比较杂乱时，可以使用"磁性套索工具"或"路径工具"。这里以"磁性套索工具"为例进行讲解，路径工具的使用见第5章。单击工具箱中的"磁性套索工具"按钮，在工具属性栏中设置各项参数，属性栏如图3-91所示。

图3-91 "磁性套索工具"属性栏

下面对"磁性套索工具"属性栏中的部分参数进行介绍。

宽度：用来控制"磁性套索工具"在选取图像时能够检测到的边缘宽度，其取值范围为1~40。数值越小，所检测到的范围越小，图像选择越精确。

对比度：用来控制"磁性套索工具"选取图像时的灵敏度，其取值范围为1%~100%。数值越大，反差就越大，选取的范围也就越准确。

频率：用来控制选取范围所生成的节点数量。使用"磁性套索工具"选取图像时，在路径中会出现许多节点，这些节点组成了整个图像的选取范围。"频率"的取值范围为0~100，数值越大，产生的节点就越多，选择的精确度也会越高。因为"磁性套索工具"是根据颜色像素来选取图像的，所以选择时必须确定一个取样点来作为选取的依据。在选择的过程中，为了使选择的内容更加精确，可以人为地通过单击来确定新的取样点。当鼠标指针移动到起点位置时单击，即可顺利完成图像选取。选取完毕后，一般还要进行边缘调整以平滑选区。

2. 调整边缘

调整边缘可以提高选区边缘的品质，并能对照不同的背景查看选区以便轻松编辑。创建选区后，单击"选择工具"属性栏中的"调整边缘"按键，打开的"调整边缘"对话框如图3-92所示。

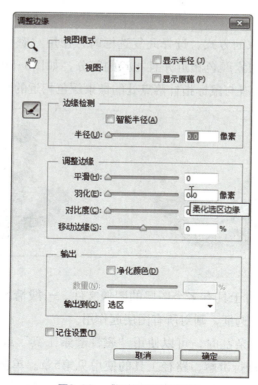

图3-92 "调整边缘"对话框

1)半径：决定选区边界周围的区域大小，将在此区域中进行边缘调整。增加半径可以在包含柔化过渡或细节的区域中创建更加精确的选区边界，如短的毛发边界。

2)平滑：减少选区边界中的不规则区域（山峰和低谷），创建更加平滑的轮廓，可通过输入值或拖动滑块调整，取值范围为1~100。

3)羽化：在选区及其周围像素之间创建柔化边缘，可通过输入值或拖动滑块定义羽化边缘的宽度，取值范围为0~250像素。

4)对比度：可锐化选区边缘并去除模糊的不自然感。增加对比度可以移去由于"半径"设置过高而导致的选区边缘附近产生的过多杂色。

5)移动边缘：收缩或扩展选区边界，可通过输入值或拖动滑块来设置一个介于0%~100%之间的数以进行扩展，或设置一个介于-100%~0%之间的数以进行收缩，这对边缘选区进行微调很有用，收缩选区有助于从选区边缘移去不需要的背景色。

3.6.4 自主练习——合并图片

使用合适的选择工具抠选照片中的人物，并合并到合并素材2.jpg中，合并效果如图3-93所示。

图3-93　合并图片效果

打开配套资源中的素材/Cha03/合并素材1.jpg和合并素材2.jpg，利用所学的知识调整图像并进行合并，具体操作步骤如下。

1)在工具箱中选择"魔棒工具"，对"合并素材1"中的白色区域进行选择，然后按<Shift+Ctrl+I>组合键进行反选。

2)将创建的选区拖动到合并素材2.jpg中，按<Ctrl+T>组合键执行缩放命令并旋转合适的角度，使用"移动工具"将其移动到合适的位置。

3)在工具箱中单击"减淡工具"按钮，将画笔的大小设置为15像素，在工作区中对人物的边缘进行涂抹，即可完成合并效果。

3.7 拼接照片

扫码看视频

本例将两张色调不同的照片拼接为一张，效果如图3-94所示。

图3-94 拼接照片效果

3.7.1 知识要点

首先根据两张照片的大小新建文件，然后调整两张照片的位置和色调，最后修整接缝处，使其拼接更加融合。

3.7.2 实现步骤

1）打开配套资源中的素材/Cha03/拼接图片素材1.jpg和拼接图片素材2.jpg，如图3-95和图3-96所示。

图3-95 拼接图片素材1　　　　图3-96 拼接图片素材2

2)按<Ctrl+N>组合键打开"新建"对话框,参数设置如图3-97所示,设置完成后单击"确定"按钮。

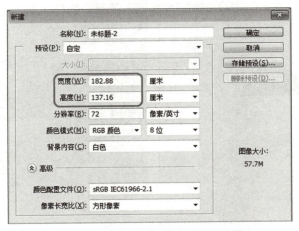

图3-97 在"新建"对话框中设置参数

提示

新建的文件大小由打开的两张照片的大小决定,选择"图像"→"图像大小"命令(快捷键<Alt+Ctrl+I>)可查看两张照片的大小。这里将宽度相加,高度不变,作为新建文件的大小。

3)使用"移动工具"将两张照片拖入新建的文件中,并调整位置,如图3-98所示。

图3-98 移动素材文件并调整位置

4)选择左侧图片的图层,按<Ctrl+L>组合键,打开"色阶"对话框。在该对话框中调整参数,如图3-99所示,使左右两张照片的色彩趋于近似,单击"确定"按钮。调整完成后的效果如图3-100所示。

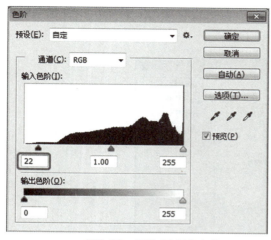

图3-99 设置"色阶"参数

图3-100 调整效果

> **提示**
>
> 调整图片色阶时,在"色阶"对话框中的"通道"下拉列表中选择"红"通道、"绿"通道、"蓝"通道可进行进一步的亮度调整。

5)选择工具箱中的"橡皮擦工具",适当调整属性栏中的参数,如图3-101所示。修改两张照片的接缝处,使接缝更加自然。此时完成最终效果的制作。

图3-101 调整"橡皮擦工具"属性栏中的参数

3.7.3 知识解析

也可以使用 Photomerge 命令自动拼接照片。Photomerge命令的功能是将多张部分区域重叠的数码照片拼接成一张具有更宽阔视角的全景照片。使普通数码相机也能拍摄全景照片。要打开 Photomerge 图像,可选择"文件"→"自动"→"Photomerge"命令,然后单击 "浏览"按钮选择源文件。用户也可以单击"添加打开的文件"按钮载入已打开的图像。"Photomerge"对话框如图3-102所示。

版面的类型介绍如下。

- 自动:Photoshop 分析源图像并应用"透视"或"圆柱"版面,具体取决于哪一种版面能够进行更好的照片拼接。

● 透视：通过将源图像中的一个图像（默认情况下为中间的图像）指定为参考图像来创建一致的复合图像，然后变换其他图像，以便匹配图层的重叠内容。

● 圆柱：通过在展开的圆柱上显示各个图像来减少"透视"版面中出现的"领结"扭曲。

● 球面：图层的重叠内容仍匹配。将参考图像居中放置。最适合于创建宽全景图。

● 拼贴：仅调整位置，对齐图层并匹配重叠内容，但不会变换任何源图层。

● 调整位置：选择此选项可在对话框中打开源图像，然后手动放置它们以获得最佳效果。

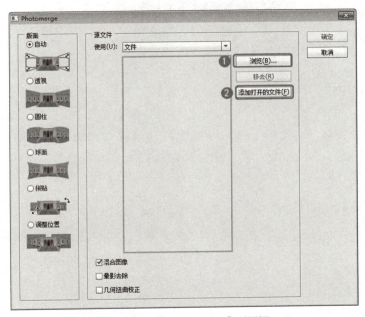

图3-102　"Photomerge"对话框

3.7.4 自主练习——Photomerge拼接照片

通过前面讲解的知识来练习如何使用 Photomerge 拼接照片，完成效果如图3-103所示。

1）在菜单栏中选择"文件"→"自动"→"Photomerge"命令。

2）弹出"Photomerge"对话框，单击"添加打开的文件"按钮。

3）选择配套资源中的素材/Cha03/自动拼接照片素材1.jpg和自动拼接照片素材

2.jpg,将打开的两张照片添加进来。

4）拼接完成后的照片很不规则,使用工具箱中的"裁剪工具"裁剪画布,按<Enter>键得到最后效果。

图3-103　完成效果

第4章 个性按钮及图像设计与处理
——图层的应用

【本章导读】

知识基础
- ◆ 图层的认识与使用
- ◆ 盖印图层

重点知识
- ◆ 图层的混合模式
- ◆ 图层样式的应用

提高知识
- ◆ 巩固所学的知识内容
- ◆ 结合所学知识创作作品

图层是Photoshop最为核心的功能之一,它承载了几乎所有的图像效果。图层可以新建、复制、删除,也可以显示、隐藏和改变次序。它的引入改变了图像处理的工作方式。"图层"面板则提供了每一个图层的信息。用户可以灵活运用图层制作各种特殊效果,本章将对图层的功能与操作方法进行更为详细的讲解。

4.1 制作圆形多媒体按钮图标

扫码看视频

多媒体按钮多种多样，有特点又好看，图标中的图案一般呈现相关的按钮信息特征。本例讲解如何制作圆形多媒体按钮，制作效果如图4-1所示。

图4-1 效果图

4.1.1 知识要点

本例将介绍圆形多媒体按钮的制作，主要是通过创建形状图层，为其填充颜色，然后为图层添加"图层样式"和"图层蒙版"来实现的。

4.1.2 实现步骤

1）启动Photoshop CC软件，按<Ctrl+N>组合键打开"新建"对话框，在该对话框中将"宽度"和"高度"参数均设置为283像素，将"分辨率"设置为72像素/英寸，设置完成后单击"确定"按钮，如图4-2所示。

2）将自动生成的"背景"图层填充为黑色。在键盘上按<F7>键，打开"图层"面板，单击右下角的"创建新图层"按钮，新建图层，如图4-3所示。

3）使用"椭圆工具"，将"选择工具"模式设置为"形状"。按住<Shift>键绘制一个正圆形,在属性栏中将"填充"参数设置为R、G、B值分别为30、217、251的颜色,将形状宽度和高度均设置为175像素,图形参数设置如图4-4所示。

4)在"图层"面板中单击下面的"添加图层样式"按钮,在弹出的下拉菜单中选择"内阴影"命令,如图4-5所示。

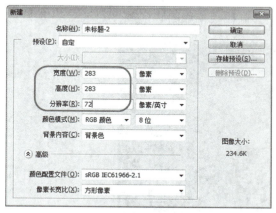

图4-2 新建文件

图4-3 新建图层

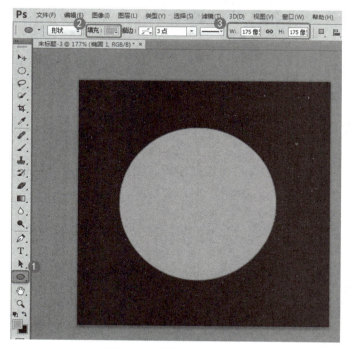

图4-4 创建图形并设置参数

图4-5 选择"内阴影"命令

5)弹出"图层样式"对话框,选择"内阴影"样式,在"结构"选项组中将"混合模式"设置为"线性减淡(添加)",将"不透明度"设置为10%,将"角度"设置为-55°,将"距离"和"大小"分别设置为6和5像素。在"品质"选项组中将"等高线"

设置为"锥形",选择"消除锯齿"复选框。"内阴影"样式参数设置如图4-6所示。

6）选择"内发光"样式,在"结构"选项组中将"混合模式"设置为"正片叠底",将"设置发光颜色"设置为黑色,将"渐变"设置为"中灰密度"。在"图素"选项组中将"阻塞"设置为13%,将"大小"设置为6像素。在"品质"选项组中将"范围"设置为90%。"内发光"样式参数设置如图4-7所示。

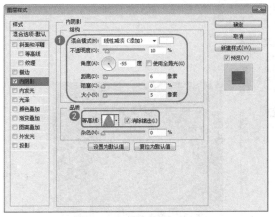

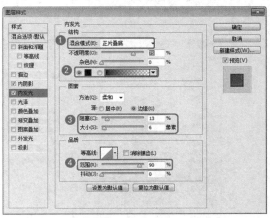

图4-6　设置"内阴影"样式参数　　　　　图4-7　设置"内发光"样式参数

7）选择"渐变叠加"样式,在"渐变"选项组中将"混合模式"设置为"线性加深",将"不透明度"设置为50%,将"渐变"设置为"黑、白渐变",选择"反向"复选框,将"样式"设置为"径向",将"缩放"设置为150%,如图4-8所示。

8）选择"外发光"样式,在"结构"选项组中将"混合模式"设置为"变暗",将"不透明度"设置为100%,将"设置发光颜色"设置为R、G、B值分别为13、200、234的颜色,将"渐变"设置为"前景色到透明渐变"。在"图素"选项组中将"方法"设置为"柔和",将"大小"设置为62像素。"外发光"样式参数设置如图4-9所示。

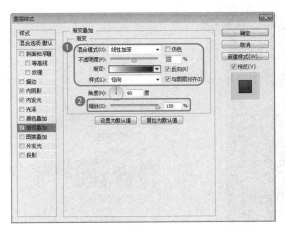

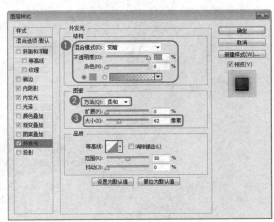

图4-8　设置"渐变叠加"样式参数　　　　　图4-9　设置"外发光"样式参数

9）选择"投影"样式，在"结构"选项组中将"混合模式"设置为"线性加深"，将"不透明度"设置为25%，将"角度"设置为138°，将"距离"和"大小"分别设置为9像素和29像素，将"扩展"设置为7%，如图4-10所示。

10）设置完成后单击"确定"按钮，设置完成后的显示效果如图4-11所示。

11）新建图层，使用"椭圆工具"，按住<Shift>键绘制两个正圆形，将第一个形状的宽度和高度均设置为175像素，将第二个形状的宽度和高度均设置为260像素，如图4-12所示。

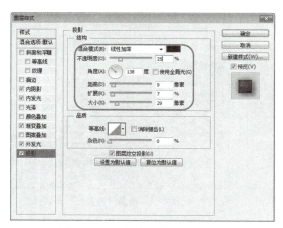

图4-10　设置"投影"样式参数　　　　　图4-11　显示效果

12）然后在工具属性栏中右击"路径操作"按钮，在弹出的菜单中选择"减去顶层形状"命令，如图4-13所示。

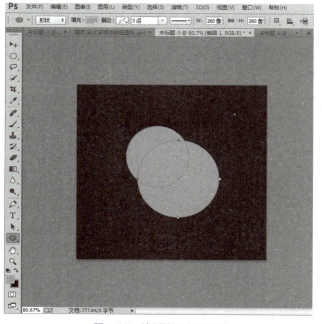

图4-12　绘制的两个正圆形　　　　　图4-13　选择"减去顶层形状"命令

13）继续选择该图层并为其添加图层样式。选择"描边"样式，在"结构"选项组中将"大小"设置为5像素，将"位置"设置为"内部"，将"不透明度"设置为0%，如图4-14所示。

14）选择"内阴影"样式，在"结构"选项组中将"混合模式"设置为"滤色"，将"不透明度"设置为25%，将"角度"设置为115°，将"距离"和"大小"分别设置为10像素和14像素，将"阻塞"设置为0%。在"品质"选项组中将"等高线"设置为"环形-双"，选择"消除锯齿"复选框。"内阴影"样式参数设置如图4-15所示。

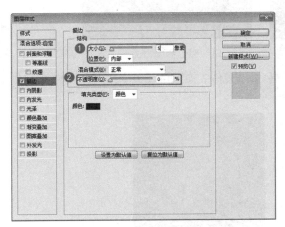

图4-14　设置"描边"样式参数　　　　图4-15　设置"内阴影"样式参数

15）选择"渐变叠加"样式，在"渐变"选项组中将"混合模式"设置为"滤色"，将"不透明度"设置为35%，将"角度"设为115°，如图4-16所示。

16）设置完成后单击"确定"按钮，设置后的显示效果如图4-17所示。

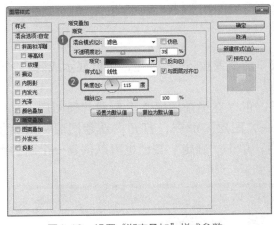

图4-16　设置"渐变叠加"样式参数　　　　图4-17　显示效果

17）继续选择该图层，在菜单栏中选择"图层"→"创建剪贴蒙版"命令，如图4-18所示。创建剪贴蒙版后的显示效果如图4-19所示。

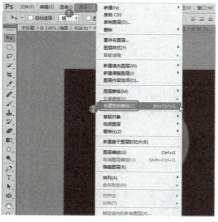

图4-18　选择"创建剪贴蒙版"命令　　图4-19　创建剪贴蒙版后的效果

18）打开配套资源中的素材/Cha04/小鸟.psd文件，如图4-20所示。将素材拖动到圆形上的显示效果如图4-21所示。

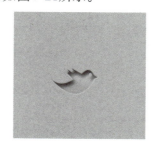

图4-20　小鸟.psd素材文件　　图4-21　添加素材后的效果

4.1.3 知识解析

在菜单栏中选择"窗口"→"图层"命令或按下<F7>键，可以显示或隐藏"图层"面板。

单击"图层"面板底部的　按钮，可以在当前图层之上新建普通图层，如图4-22所示。或者选择"图层"→"新建"→"图层"命令，打开"新建图层"对话框，如图4-23所示，在该对话框中设置选项后，单击"确定"按钮也可以创建一个新的图层。

> **注意**
>
> 按住<Alt>键单击　按钮，同样可以弹出"新建图层"对话框，也可以按<Shift + Ctrl + N>组合键，打开"新建图层"对话框。

第4章 个性按钮及图像设计与处理——图层的应用

图4-22 通过"图层"面板新建图层

图4-23 通过"新建图层"对话框新建图层

技巧

按住<Ctrl>键单击 按钮，可以在当前图层的下面新建一个图层，如图4-24所示。

在"图层"面板中， 正常 可用来设置当前图层中的图像与下面的图层混合时使用的混合模式。"不透明度"可设置当前图层的不透明度。0%表示当前图层完全透明，图4-25所示为不透明度为66%时的效果。数值越大，图层就越不透明，不透明度为100%时，下面图层的内容将完全被当前图层遮挡，如图4-26所示。

在"图层"面板中单击 按钮，可以删除当前选中的图层或图层组。或者首先选中要删除的图层或图层组，然后在菜单栏中选择"图层"→"删除"命令下的"图层"或"组"命令，会弹出删除图层确认对话框或删除组确认对话框，如图4-27、图4-28所示。单击相应按钮，即可删除。

图4-24 新建图层

图4-25 不透明度为66%时的效果

图4-26 不透明度为100%时的效果

图4-27　删除图层确认对话框

图4-28　删除组确认对话框

> **技巧**
>
> 在"图层"面板中，选择要删除的图层或组后右击，在弹出的快捷菜单中选择"删除图层"或"删除组"命令，也可以将其删除。

拖动要复制的图层到 按钮上，可以实现图层的复制，如图4-29所示。在"移动工具"的状态下，按住<Alt>键拖动图像可以实现图层的复制，效果如图4-30所示。

图4-29　复制图层

图4-30　复制效果

在无选区的情况下，选择"图层"→"新建"→"通过拷贝的图层"命令可以实现图像原位置的复制，如图4-31所示。

> **技巧**
>
> 按住<Alt>键后单击 按钮可以只显示该图层，其他图层被全部隐藏。再次进行同样的操作又可以将图层全部显示。

在有选区的情况下，选择"图层"→"新建"→"通过拷贝的图层"命令可以将选区内的图像复制并生成新的图层，如图4-32所示。

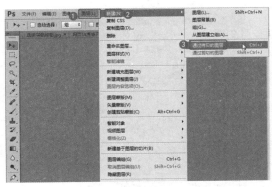

图4-31 拷贝图层

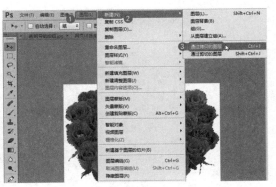

图4-32 拷贝图层中的选区

单击图层左侧的  按钮,可以将该图层上的像素信息隐藏起来,再次单击 按钮,又可以将该图层上的像素信息显示出来。

选中要链接的多个图层或组,单击 按钮,可以将其链接,如图4-33所示。与同时选定的多个图层不同,链接的图层将保持关联,直至用户取消它们的链接为止。用户可以对链接的图层进行移动、应用变换及创建剪贴蒙版等操作。

"填充"选项用于设置当前图层的填充百分比,如图4-34所示。

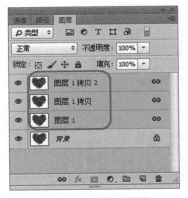

图4-33 链接多个图层

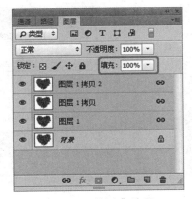

图4-34 "填充"选项

下面对"图层"面板中的"锁定"选项进行介绍。

锁定透明像素:单击"图层"面板上部的 按钮,可以锁定图层中的透明区域。此时在没有像素的区域内不能进行任何操作。

锁定图像像素:单击"图层"面板上部的 按钮,可以锁定图层中的像素区域。此时在该图层内有像素信息的区域不能进行编辑,如图4-35所示,但是可以进行移动操作。

锁定位置:单击"图层"面板上部的 按钮,可以锁定图层中像素区域的位置。此时该图层上的像素信息的位置就被锁定了,但是可以进行其他的编辑操作。

锁定全部:单击"图层"面板上部的 按钮,图像中的所有编辑操作都将被禁止,如图4-36所示。

图4-35 锁定图像像素

图4-36 锁定全部

当 按钮为反白状态时，表示锁定功能被启用。当 按钮处于正常状态时，表示锁定功能被解除。

为了确保图层的属性不变，可以锁定所有的链接图层。首先选择所有的链接图层，然后选择"图层"→"锁定图层"命令，弹出"锁定图层"对话框，如图4-37所示，从中进行设置即可。

图4-37 "锁定图层"对话框

4.1.4 自主练习——黑色开关滑块按钮图标

该练习制作黑色开关滑块按钮图标，首先利用"圆角矩形工具"绘制出开关的总体轮廓，并对其进行"图层样式"和"高斯模糊"设置，然后对开关细节部分使用"圆角矩形工具"和图层样式，得到开关细节，完成后的效果如图4-38所示。

图4-38 黑色开关滑块按钮

4.2 制作网页UI质感开关暂停按钮

扫码看视频

本例制作网页UI质感开关暂停按钮,包括绿色开关按钮和红色暂停按钮。质感按钮可给人高亮立体通透之感。制作的网页UI质感开关暂停按钮效果图如图4-39所示。

图4-39 网页UI质感开关暂停按钮效果

4.2.1 知识要点

本例主要介绍了网页UI质感开关暂停按钮的制作,首先使用"椭圆框选工具"创建选区,然后进行填充操作,添加"图层样式",创建"图层蒙版",最后对图层进行盖印操作。

4.2.2 实现步骤

1)启动Photoshop CC软件后,按<Ctrl+N>组合键,新建一个"宽度"和"高度"分别为1280像素和1024像素的文档,将"名称"设置为"网页UI质感开关暂停按钮",最后单击"确定"按钮,如图4-40所示。

2)双击"背景"图层,弹出"新建图层"对话框,将"名称"设置为"背景",然后单击"确定"按钮,如图4-41所示。

3)为"背景"图层添加"渐变叠加"图层样式。在"渐变"选项组中将"混合模式"设置为"正常",将"不透明度"设置为50%,将"渐变"设置为"中灰密度",选择"反向"复选框,将"样式"设置为"径向",将"角度"设置为45°,将"缩放"设置为150%，如图4-42所示。设置完成后的显示效果如图4-43所示。

图4-40 新建文档

图4-41 新建图层

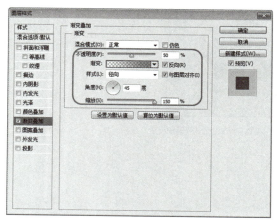

图4-42 设置"渐变叠加"样式参数

图4-43 添加"渐变叠加"样式后的效果

4）在"图层"面板中单击"创建新组"按钮，创建"组1"，然后新建图层。使用"椭圆框选工具"创建椭圆选区，在属性栏中将"羽化"设置为6像素，将前景色的RGB参数设置为150、150、150，然后按<Alt+Delete>组合键填充选区，填充效果如图4-44所示。

5）新建图层，使用"椭圆框选工具"创建椭圆选区，创建与步骤4）中相同大小的椭圆，将前景色的RGB参数设置为0、36、255，然后按<Alt+Delete>组合键填充选区，填充效果如图4-45所示。

6）继续在该图层上创建选区并调整位置，如图4-46所示。

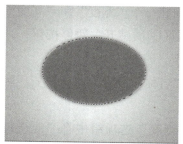
图4-44 创建选区并填充后的效果

图4-45 再次创建选区并填充后的效果

图4-46 创建选区并调整位置

7)在菜单栏中选择"图层"→"图层蒙版"→"隐藏选区"命令,如图4-47所示。创建的图层蒙版效果如图4-48所示。

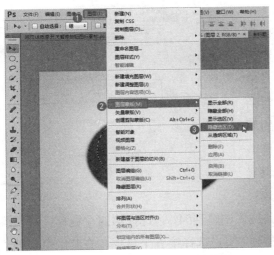

图4-47 选择创建图层蒙版的命令　　　图4-48 图层蒙版效果

8)为图层添加"斜面和浮雕"样式。在"结构"选项组中将"大小"设置为32像素,在"阴影"选项组中将"角度"和"高度"分别设置为120°和30°,取消选择"使用全局光"复选框,将"光泽等高线"设置为"滚动斜坡-递减",将"阴影模式"设置为"正片叠底",将颜色参数设置为96、98、132,将"不透明度"设置为46%,如图4-49所示。

9)选择"内阴影"图层样式,在"结构"选项组中将"混合模式"设置为"正片叠底",将颜色参数设置为107、112、154,将"距离"和"大小"分别设置为0像素和24像素,将"阻塞"设置为0%,如图4-50所示。

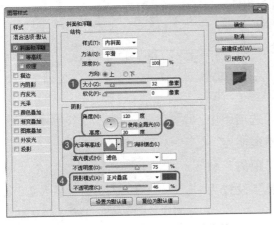

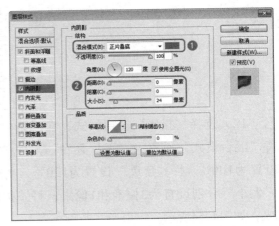

图4-49 设置"斜面和浮雕"样式参数　　　图4-50 设置"内阴影"样式参数

10)选择"内发光"图层样式,在"结构"选项组中将"混合模式"设置为"正片叠底",将"不透明度"设置为75%,将"设置发光颜色"的R、G、B值设置为160、

170、190，将"渐变"设置为"中灰密度"。在"图素"选项组中将"阻塞"设置为13%，将"大小"设置为9像素。"内发光"样式参数设置如图4-51所示。

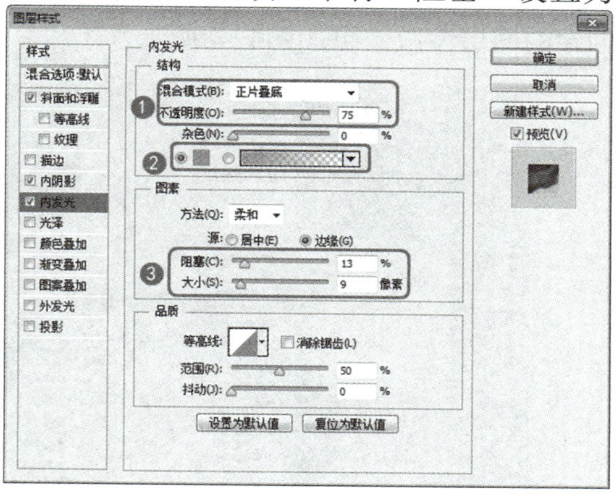

11）添加"渐变叠加"图层样式，在"渐变"选项组中将"混合模式"设置为"正常"，将"不透明度"设置为100%，单击"渐变"按钮，弹出"渐变编辑器"对话框，为其添加4个色标。将第一个色标的颜色参数设置为229、229、223、将位置调整到2%；选择第二个色标，将其颜色参数设置为77、77、94，将其位置调整到31%；选择

图4-51 设置"内发光"样式

第三个色标，将其颜色设置为白色，将其位置调整到54%；选择第四个色标，将其颜色参数设置为77、77、94，将其"位置"调整到77%；选择第五个色标，将其颜色参数设置为224、224、224，将位置调整到81%；选择第六个色标，将其颜色参数设置为182、182、184，将其位置调整到100%。将"角度"设置为0°，将"缩放"设置为100%。"渐变叠加"样式参数设置如图4-52所示，设置完成后的显示效果如图4-53所示。

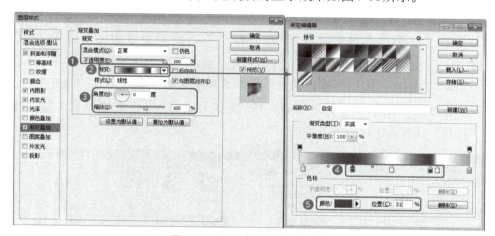

图4-52 设置"渐变叠加"样式

12）选择"投影"图层样式，在"结构"选项组中将"混合模式"设置为"正片叠底"，将"不透明度"设置为100%，将"角度"设置为120°，将"距离"和"大小"分别设置为3像素和1像素，将"扩展"设置为8%，如图4-54所示。

13）使用"椭圆工具"绘制一个椭圆，将前景色参数设置为202、88、84，按<Alt+Delete>组合键进行填

图4-53 显示效果

充,效果如图4-55所示。

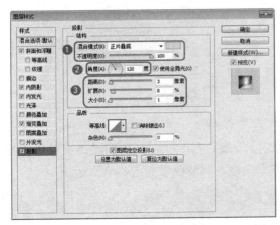

图4-54 设置"投影"样式参数

图4-55 填充颜色后的显示效果

14)添加"渐变叠加"图层样式,在"渐变"选项组中将"混合模式"设置为"正常",将"不透明度"设置为100%,单击"渐变"按钮,弹出"渐变编辑器"对话框。在该对话框中选择第一个色标,将其颜色参数设置为55、153、52;选择第二个色标,将其颜色参数设置为11、123、8,将其位置调整到80%。将"角度"设置为90°,将"缩放"设置为61%。"渐变叠加"样式参数设置如图4-56所示,设置完成后的显示效果如图4-57所示。

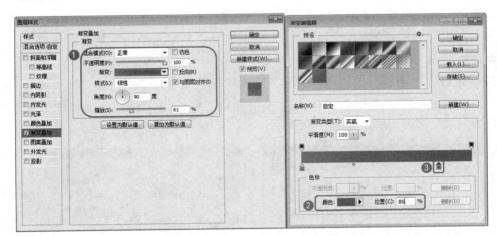

图4-56 设置"渐变叠加"样式参数

15)新建图层,使用"椭圆选框工具"创建一个椭圆选区,将前景色颜色参数设置为15、55、14,然后按<Alt+Delete>组合键进行填充,显示效果如图4-58所示。

16)使用"椭圆工具"创建椭圆图形,将前景色颜色参数设置为0、48、255,按<Alt+Delete>组合键进行填充,显示效果如图4-59所示。

图4-57　添加"渐变叠加"样式后的显示效果　　　　图4-58　选区填充效果

17）按<Ctrl+T>组合键进行自由变换，然后右击，在弹出的快捷菜单中选择"变形"命令，如图4-60所示。最后对图形进行调整，调整效果如图4-61所示。

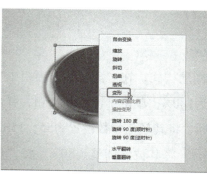

图4-59　椭圆填充效果　　　　图4-60　进行"变形"命令　　　　图4-61　调整效果

18）为图层添加"斜面和浮雕"图层样式。在"结构"选项组中将"深度"设置为32%，将"大小"设置为4像素，将"软化"设置为2像素。在"阴影"选项组中将"角度"和"高度"分别设置为72°和74°，取消选择"使用全局光"复选框，将"不透明度"设置为83%，如图4-62所示。

19）选择"内阴影"图层样式，在"结构"选项组中将"混合模式"设置为"正片叠底"，将颜色参数设置为12、139、3，将"距离"和"大小"分别设置为30像素和13像素，将"阻塞"设置为6%，如图4-63所示。

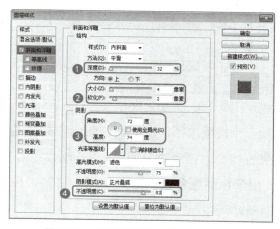
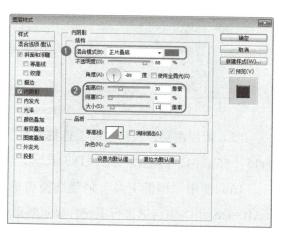

图4-62　设置"斜面和浮雕"样式参数　　　　图4-63　设置"内阴影"样式参数

20）选择"渐变叠加"图层样式，在"渐变"选项组中将"混合模式"设置为"正常"，将"不透明度"设置为100%，单击"渐变"按钮，弹出"渐变编辑器"对话框。在该对话框中选择第一个色标，将其颜色参数设置为68、205、57；选择第二个色标，将其颜色参数设置为93、213、93。将"样式"设置为"线性"，将"角度"设置为90°，将"缩放"设置为100%。"渐变叠加"样式参数设置如图4-64所示，设置完成后的显示效果如图4-65所示。

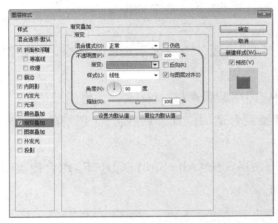

图4-64 设置"渐变叠加"样式参数　　　　图4-65 添加"渐变叠加"样式后的显示效果

21）将正在操作的图层进行复制并删除图层样式，在"图层"面板中将"不透明度"设置为26%，显示效果如图4-66所示。

图4-66 复制图层并设置

22）打开配套资源中的素材/Cha04/图层蒙版素材1.psd素材文件，如图4-67所示。

23）将素材文件拖动到制作的场景中并调整到合适的位置，按住<Ctrl>键单击素材图层进入选区，然后将素材图层删除，过程显示效果如图4-68所示。

图4-67　素材文件

24）在菜单栏中选择"图层"→"图层蒙版"→"显示选区"命令，创建图层蒙版，效果如图4-69所示。

25）打开配套资源中的素材/Cha04/图层蒙版素材2.psd文件，将图层"光1""光2"和"光3"拖动到场景中，并将其调整到合适的位置，然后将3个图层的图层样式停用，即可完成最终效果。

26）选择除了"背景"图层外的所有图层，按<Alt+Shift+Ctrl+E>组合键盖印图层即可。最后使用同样的方法创建红色按钮。

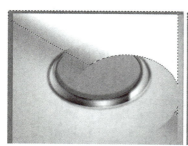  

图4-68　过程显示效果　　　　　　　　　　　图4-69　创建蒙版效果

4.2.3 知识解析

下面简单介绍盖印图层的相关知识。

盖印图层是一种特殊的图层合并方法，它可以将多个图层的内容合并到一个图层中，同时还保持原图层的完整性。当想要得到某些图层的合并效果时，盖印图层是最佳的解决方法。合并图层可以减少图层的数量，而盖印图层往往会增加图层的数量。

1. 向下盖印图层

如果当前选择了一个图层，则按下<Alt+Ctrl+E>组合键后，可将该图层中的图像盖印到下面的图层中，原图层的内容保持不变，如图4-70所示。

第4章 个性按钮及图像设计与处理——图层的应用

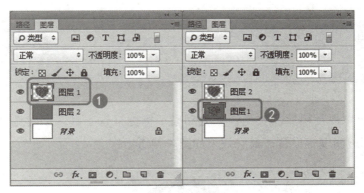

图4-70 向下盖印图层

> **提示**
>
> 如果选择了多个图层，按下<Alt+Ctrl+E>组合键后可以盖印多个图层。在对多个图层进行盖印时，这些图层也可以是不连续的。

2. 盖印所有可见图层

按<Alt+Shift+Ctrl+E>组合键，可以将所有可见图层盖印至一个新建的图层中，新图层将位于所选图层的上面，原图层内容保持不变，如图4-71所示。

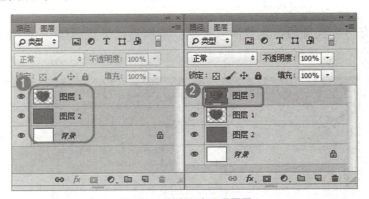

图4-71 盖印所有可见图层

> **提示**
>
> 在盖印两个图层时，新图层的名称会显示"合并"两个字，而盖印所有可见图层所得到的图层是不会显示这两个字的。另外，隐藏的图层不能进行盖印操作。

4.2.4 自主练习——制作视频播放器按钮

本练习将制作视频播放器按钮,首先利用"椭圆框选工具"创建选区,然后对其进行图层样式、不透明度等设置,最终效果如图4-72所示。

图4-72 视频播放器按钮效果

4.3 古典竹简效果

扫码看视频

想制作带有书香气息的古典竹简效果吗?本例通过设置图层样式、图层混合模式,并应用"去色"命令,轻松制作出素雅的竹简效果,如图4-73所示。

图4-73 古典竹简效果

4.3.1 知识要点

本例通过设置图层样式,使用多种图层混合模式完成最终效果。

4.3.2 实现步骤

1)选择"文件"→"新建"命令(或按<Ctrl+N>组合键),创建新文档,设置文档名为"古典竹简","宽度"为700像素"高度"为300像素,"分辨率"为72像素/英寸,"颜色模式"为RGB颜色、8位,"背景内容"为白色,设置完成后单击"确定"按钮,如图4-74所示。

2)绘制长方形选区并填充颜色。单击"图层"面板中的"创建新图层"按钮(或按<Shift+Ctrl+N>组合键)新建"图层1",然后使用"矩形选框工具"(快捷键<M>)在画布上绘制长方形选区,高度为一片竹简的高度,如图4-75所示。填充背景色(按<Ctrl+Delete>组合键),按<Ctrl+D>组合键取消选区。

图4-74 新建文件

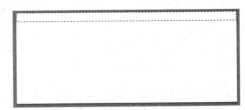

图4-75 绘制一片竹简的选区

3)双击"图层"面板中"图层1"的缩览图,打开"图层样式"对话框,选择"斜面和浮雕"和"图案叠加"复选框,如图4-76所示。

4)在"样式"选项组中单击"斜面和浮雕"名称,在对话框右侧显示斜面和浮雕参数。在"结构"选项组中将样式设置为"浮雕效果",设置"大小"为2像素、"角度"为-90°,其他选项默认,如图4-77所示。

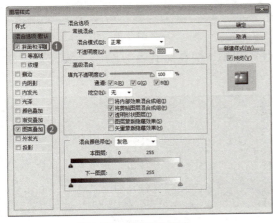

图4-76 添加图层样式

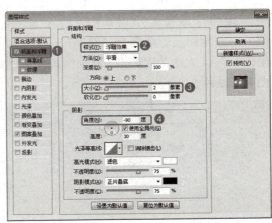

图4-77 设置"斜面和浮雕"样式参数

5)在"样式"选项组中单击"图案叠加"名称,在对话框右侧显示图案叠加参数。在"图案"选项组中单击图案右侧的下三角按钮,在弹出的菜单中选择"图案"命令,在弹出的对话框中单击"确定"按钮,将"图案"设置为"木质",设置"缩放"为500%,其他选项默认,如图4-78所示。单击"确定"按钮,得到一片竹简。

6)单击"图层"面板中的"创建新图层"按钮(或按<Shift+Ctrl+N>组合键),新建"图层2",设置前景色为黑色,在竹简的两端使用"画笔工具"(大小为13像素,笔触为柔角)绘制竹简的黑孔,如图4-79所示。然后按住<Shift>键在"图层"面板中选择"图层1","图层1"与"图层2"会同时被选中,按<Ctrl+E>组合键将"图层1"与"图层2"合并为"图层2"。

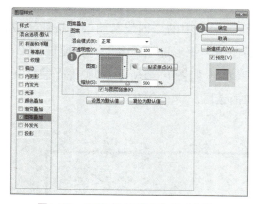 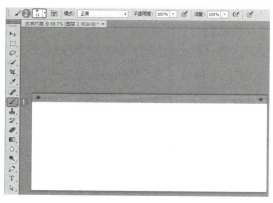

图4-78 设置"图案叠加"样式参数　　　　　　图4-79 绘制竹简孔

7)按<Ctrl+J>组合键复制"图层2"得到"图层2拷贝",选择"移动工具",按<Ctrl+T>组合键进入自由变换状态,按住<Shift>键的同时在画布上用鼠标垂直向下拖动"图层2拷贝",使第一片竹简完全显示出来(可以用上下方向键进行微调),如图4-80所示,按<Enter>键确定。

8)接着制作多片竹简,产生一排竹简的效果,如图4-81所示。最后合并所有图层(按<Shift+Ctrl+E>组合键)。

9)单击"图层"面板中的"创建新图层"按钮(或按<Shift+Ctrl+N>组合键),新建图层,命名为"编绳",使用"画笔工具"(大小为9像素,笔触为柔角),按住<Shift>键在黑孔上方绘制竖线,效果如图4-82所示。

图4-80 制作出第二片竹简

图4-81 制作全部竹简　　　　　　图4-82 绘制竖线

10）选中"图层"面板中的"编绳"图层，打开"样式"面板，再单击面板按钮，选择"纹理"样式，弹出对话框，单击"确定"按钮，然后选择"样式"面板中的"橡木"样式，如图4-83所示。

11）用"橡皮擦工具"擦除"编绳"图层中竹筒编绳的多余部分，效果如图4-84所示。

12）打开附带CD中提供的第4章中的素材文件"古典人物素材.jpg"，用"移动工具"拖动到竹筒上来，成为"图层1"。在"图层"面板中将"图层1"拖到"编绳"与"背景"图层之间。按<Ctrl+T>组合键，适当修改大小和位置。然后选择"图像"→"调整"→"去色"命令（或按<Shift+Ctrl+U>组合键），修改"图层1"的图层混合模式为"线性加深"，修改"不透明度"为70%，如图4-85所示。

图4-83　添加纹理样式

图4-84　擦除多余部分后的效果

图4-85　添加竹筒图案并设置

4.3.3 自主练习——制作古扇

制作古扇的简要制作过程如下。

1）按<Shift+Ctrl+N>组合键新建图层，用"矩形选区工具"建立一个扇骨大小的长方形选区，填充任意颜色，按<Ctrl+D>组合键取消选区。

2）打开"图层样式"对话框，设置"图案叠加"效果："图案"为木质，"缩放"为500%；"投影"效果："角度"为90°，"距离"为2像素，"大小"为2像素，"不透明度"为50%；"内阴影"效果："角度"为90°，"距离"为2像素，"大小"为2像素，"不透明度"为50%。其他参数都为默认。

3）选择"移动工具"，按<Ctrl+T>组合键进入自由变换状态，先将中心点移动到靠一端的正中位置（扇子的转轴处），再在属性栏设置旋转角度为-7°，按<Enter>键确认变换操作。

4）按<Alt+Shift+Ctrl+T>组合键，多次复制，最后合并所有扇骨图层，将图层改名为"扇子"。

5）调整扇子的角度和位置，按住<Ctrl>键的同时单击"扇子"图层的缩览图，导入选区。

6）打开"古典人物素材.jpg"图片，按<Ctrl+A>组合键全选，按<Ctrl+C>组合键复制。然后回到古扇文件上，选择"编辑"→"贴入"命令（或按<Shift+Ctrl+V>组合键），将素材图案粘贴到选区当中，形成素材图层"图层1"。选择"移动工具"，按<Ctrl+T>组合键进入自由变换状态，调整素材图案的大小和位置。最后设置素材图层的图层混合模式为"线性加深"，修改"不透明度"为70%，完成古扇制作，效果如图4-86所示。

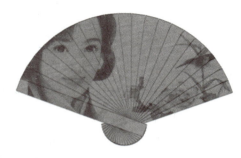

图4-86　制作的古扇效果

4.4　光盘封面效果

扫码看视频

本例主要讲述了光盘封面的制作方法，将一张普通的照片制作成光盘的封面，效果如图4-87所示。

图4-87　光盘封面效果

4.4.1　知识要点

使用图层的链接功能将不同的图层链接在一起，然后使用"对齐"操作使图层垂直居中和水平居中，最后使用"描边""通过剪切的图层"等命令，完成光盘封面的制作。

4.4.2 实现步骤

1）设置前景色为白色、背景色为黑色，选择"文件"→"新建"命令（或按<Ctrl+N>组合键），按照图4-88所示的参数新建一个文件，命名为"光盘"。

图4-88　新建文件

2）新建"图层1"，选择"椭圆选框工具"，按照图4-89所示在其工具属性栏中设置好参数。

图4-89　设置属性栏参数

3）在画布中绘制一个正圆选区，将前景色设置为白色，填充前景色（按<Alt+Delete>组合键），取消选区，如图4-90所示。

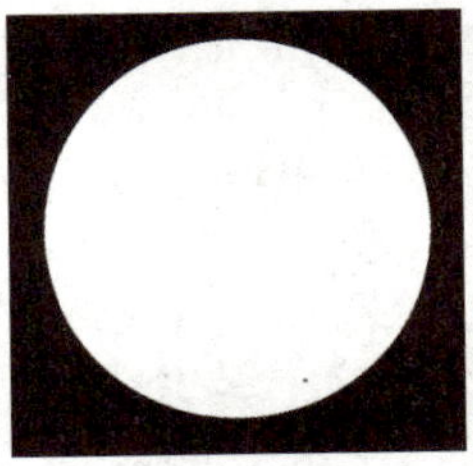

4）新建"图层2"，选择"椭圆选框工具"按照图4-91所示在其工具属性栏中设置好参数。

图4-90　绘制大圆并填充

5）在画布中绘制一个正圆选区，将背景色设置为黑色，填充背景色（按<Ctrl+Delete>组合键），取消选区，如图4-92所示。

图4-91　再次设置属性栏参数

6）按住<Shift>键的同时选中"图层1"与"图层2"，在"图层"面板下方单击链接图标，"图层1"与"图层2"后方会出现链接图标，表示"图层1"与"图层2"已经链接，如图4-93所示。

7）选择"图层"→"对齐"→"垂直居中"和"水平居中"命令，使大圆与小圆居中对齐，如图4-94所示。

图4-92　绘制小圆并填充

图4-93　链接图层

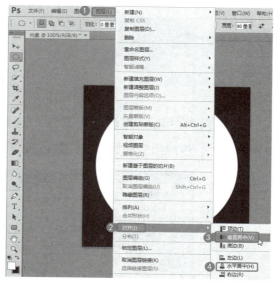

4-94　对齐图层

8）再次单击"图层"面板下方的链接图标取消链接。按下<Ctrl>键的同时单击"图层"面板中"图层2"左侧的图层缩览图，将"图层2"载入选区。将"图层1"作为当前使用图层，按<Delete>键删除。取消选区后，将"图层2"删除。隐藏"背景"图层，查看"图层1"的效果，如图4-95所示。

图4-95　删除小圆

9）按下<Ctrl>键的同时单击"图层"面板中"图层1"左侧的图层缩览图，将"图层1"载入选区，"选择"→"修改"→"收缩"命令，在弹出的对话框中设置"收缩量"为2像素，然后单击"确定"按钮，如图4-96所示。

10）在"图层"面板中单击"创建新图层"按钮，新建"图层2"，并填充为黑色，如图4-97所示，显示"背景"图层，观察效果。

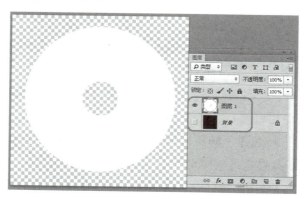

图4-96　收缩选区

11）确定"图层2"为当前活动图层，将"图层1"载入选区，选择"编辑"→"描边"命令，在弹出的对话框中将描边"宽度"设置为1像素，设置颜色为黑色，如图4-98所示。

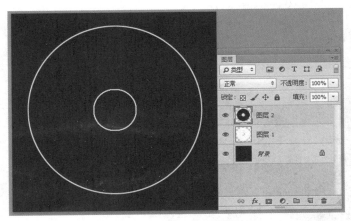

图4-97　显示"背景"图层的效果　　　　　图4-98　设置描边参数

12）单击"确定"按钮，取消选区，隐藏"背景"图层，效果如图4-99所示。

13）选择"文件"→"打开"命令，打开"光盘素材.jpg"文件，如图4-100所示。

图4-99　隐藏"背景"图层的效果　　　　　图4-100　打开的素材

14）用"移动工具"将素材拖动到"光盘"文件中，置于图层顶层，并调整位置和大小，如图4-101所示。

15）将"图层2"载入选区，如图4-102所示。

图4-101　移动素材并调整　　　　　图4-102　将"图层2"载入选区

16）选中"图层3"，选择"图层"→"新建"→"通过剪切的图层"命令（或按<Shift+Ctrl+J>组合键），将图片嵌入到光盘封面中，隐藏"图层3"，效果如图4-103所示。

图4-103 嵌入图片到光盘封面

4.4.3 知识解析

1．图层链接

链接图层的好处是可以同时移动或变换不同图层的图像，以使二者的相对位置保持不变，取消链接后又可以使用其他方式对图层进行编辑。

2．图层对齐

当两个或两个以上的图层需要中心对齐的时候，可以将需要对齐的图层链接在一起，然后选择"图层"→"对齐"命令，可以看到图4-104所示的对齐命令。

1）顶边：当以顶边为准进行分布时，以图层中图形的顶边最靠近文档上下两边界的两个层为准，夹在中间的各层图形进行位置移动。

2）垂直居中：当以中心为准进行垂直分布时，以图层中图形的中心最靠近文档上下两边界的两个层为准，夹在中间的各层图形进行位置移动。

3）底边：当以底边为准进行分布时，以图层中图形的底边最靠近文档上下两边界的两个层为准，夹在中间的各层图形进行位置移动。

4）左边：当以左边为准进行分布时，以图层中图形左边最靠近文档左右两边界的两个层为准，夹在中间的各层图形进行位置移动。

5）水平居中：当以中心为准进行水平分布时，以图层中图形的中心最靠近文档左右两边界的两个层为准，夹在中间的各层图形进行位置移动。

6）右边：当以右边为准进行分布时，以图层中图形的右边最靠近文档左右两边界的两个层为准，夹在中间的各层图形进行位置移动。

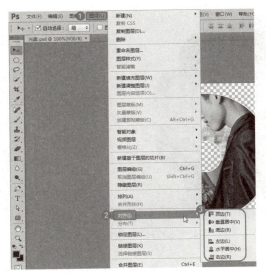

图4-104　图层对齐命令

3. 图层剪切

选择"图层"→"新建"→"通过剪切的图层"命令，可以通过一步完成从复制到粘贴及从剪切到粘贴的工作，并将选区转换为图层。

4.4.4 自主练习——制作异形光盘封面

根据所学内容，使用第4章中的素材文件，利用"自定义形状工具"制作各种异形光盘封面，效果如图4-105所示。

图4-105　异型光盘封面

图4-105　异形光盘封面（续）

第 5 章　手绘技法精研——路径的应用

【本章导读】

知识基础
- ◈ "画笔"面板
- ◈ "路径"面板

重点知识
- ◈ Photoshop CC的工作界面
- ◈ 界面优化设置

提高知识
- ◈ 图像的查看方法
- ◈ 常用工具的使用

随着 Photoshop 版本的不断升级，对矢量图形的处理功能也越来越强大。用户可以使用 Photoshop 提供的路径工具或矢量绘图工具绘制并编辑各种矢量图形。本章将系统学习路径、矢量绘图工具及路径手绘等内容。

5.1 绘制卡通漫画

扫码看视频

手绘已经被广泛应用到标志、吉祥物、包装、插画等设计中。通过学习本例，读者可以运用多种技法绘制出自己喜爱的手绘作品。卡通漫画效果如图5-1所示。

图5-1 本例效果

5.1.1 知识要点

本例使用"钢笔工具"绘制卡通漫画效果，并将路径转换为选区，然后进行填充。

5.1.2 实现步骤

1）启动Photoshop CC软件后，按<Ctrl+N>组合键，在弹出的"新建"对话框中设置"名称"为"卡通漫画"，将"宽度"和"高度"分别设置为600像素和500像素，然后单击"确定"按钮，如图5-2所示。

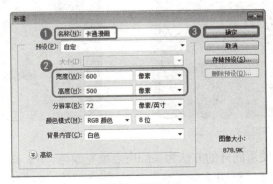

图5-2 新建文件

2）在工具箱中将"设置背景色"的R、G、B值分别设置为1、202、252，然后按<Ctrl+Delete>组合键填充背景色，如图5-3所示。

3）在菜单栏中选择"窗口"→"路径"命令，在弹出的"路径"面板中单击"创建新路径"按钮，创建一个新的路径，如图5-4所示。

4）在工具箱中选择"钢笔工具"，在场景文件中绘制蘑菇头部轮廓，如图5-5所示。

图5-3　填充背景色　　　　　图5-4　新建路径　　　　　图5-5　绘制蘑菇头部轮廓

5）绘制蘑菇头部的斑点，如图5-6所示。

6）绘制蘑菇的其他部位，如图5-7所示。

7）在"图层"面板中单击"创建新图层"按钮，新建"图层1"，如图5-8所示。

图5-6　绘制蘑菇头部斑点　　　图5-7　绘制其他部位　　　图5-8　新建"图层1"

8）在工具箱中选择"路径选择工具"，选中头部轮廓，然后单击"路径"面板底部的"将路径作为选区载入"按钮，将路径载入选区，如图5-9所示。

9）在工具箱中将"设置前景色"设置为#f80b05，然后单击"路径"面板底部的"用前景色填充路径"按钮，效果如图5-10所示。

图5-9　将路径作为选区载入　　　　　图5-10　填充路径

10）新建"图层2"，使用同样的方法为头部斑点填充颜色#fbfc08，效果如图5-11所示。

11）在工具箱中选择"椭圆选框工具"，按住<Shift>键拖动鼠标在场景文件中绘制正圆，并为其填充颜色，效果如图5-12所示。

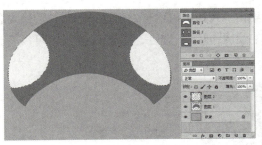
图5-11 为头部斑点填充颜色

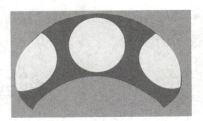
图5-12 绘制并填充正圆

12）新建"图层3"，使用"路径选择工具"选中其他部位，并将其他部位载入选区，填充颜色#f3cba8，如图5-13所示。

13）新建"图层4"，使用"椭圆选框工具"在场景文件中绘制眼睛，然后使用"钢笔工具"绘制嘴巴，并为其填充颜色，再次使用"钢笔工具"绘制蘑菇的头部并填充颜色#e60000。此时完成最终效果的制作。

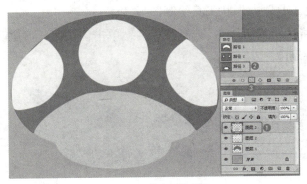
图5-13 填充其他部位

5.1.3 知识解析

"路径"面板可用来存储和管理路径。

选择"窗口"→"路径"命令，可以打开"路径"面板，面板中列出了存储的路径、当前工作路径，以及当前矢量蒙版的名称和缩览图，如图5-14所示。

- 路径：当前文档中包含的路径。
- 工作路径：工作路径是出现在"路径"面板中的临时路径，用于定义形状的轮廓。
- 矢量蒙版：当前文档中包含的矢量蒙版。
- "用前景色填充路径"按钮 ●：单击该按钮，可以用前景色填充路径形成的区域。
- "用画笔描边路径"按钮 ○：单击该按钮，可以用画笔工具沿路径描边。

- "将路径作为选区载入"按钮：单击该按钮，可以将当前选择的路径转换为选区。
- "从选区生成工作路径"按钮：如果创建了选区，单击该按钮，可以将选区边界转换为工作路径。

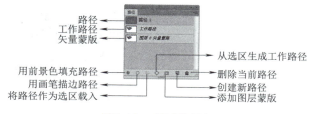

图5-14 "路径"面板

- "添加图层蒙版"按钮：单击该按钮，可以为当前工作路径创建矢量蒙版。
- "创建新路径"按钮：单击该按钮，可以创建新的路径。如果按住<Alt>键单击该按钮，可以打开"新建路径"对话框，在对话框中可以输入路径的名称。新建路径后，可以使用"钢笔工具"或形状工具绘制图形。
- "删除当前路径"按钮：选择路径后，单击该按钮，可删除路径。也可以将路径拖至该按钮上直接删除。

5.1.4 自主练习——鼠标的制作

本节通过制作鼠标来学习"钢笔工具""圆角矩形工具""直线工具"和"渐变工具"的使用方法，以及如何为图层添加图层样式，完成后的效果如图5-15所示。

图5-15 鼠标效果

其简要步骤如下。

1）打开配套资源中的素材/Cha05/鼠标.psd文件。

2）使用"钢笔工具"绘制鼠标模型。

3）配合"渐变工具"及"图层样式"为绘制的图形填充颜色和样式，制作出鼠标立体效果。

5.2 制作Logo标志

扫码看视频

在竞争日益激烈的全球市场上，严格管理和正确使用统一标准的公司徽标，会为公司树立一个更有效、更清晰和更亲切的市场形象。而Logo恰恰是用于标识身份的小型视觉设计，多为各种组织和商业机构所使用，本节制作的Logo标志效果如图5-16所示。

图5-16　Logo标志

5.2.1 知识要点

本例通过制作Logo标志来学习"钢笔工具"和"渐变工具"的使用方法。

5.2.2 实现步骤

1）按<Ctrl+N>组合键，弹出"新建"对话框，将"名称"设置为Logo标志，将"宽度"和"高度"分别设置为600像素、500像素，单击"确定"按钮，如图5-17所示。

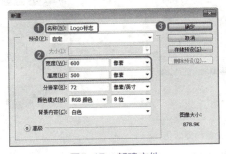

图5-17　新建文件

2）使用"钢笔工具"，将"模式"设置为"路径"，绘制图5-18所示的轮廓。

3）在工具栏中单击"渐变工具"按钮，在属性栏中单击"点按可编辑渐变"按钮，弹出"渐变编辑器"对话框，将0%位置处的R、G、B值设置为0、80、164，将100%位置处的R、G、B值设置为0、126、203，单击"确定"按钮，如图5-19所示。

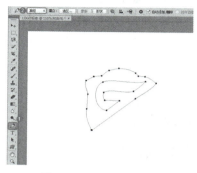
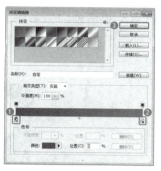

图5-18　绘制Logo轮廓　　　　图5-19　设置渐变颜色

4）按<Ctrl+Enter>组合键将路径转换为选区，拖动鼠标填充渐变颜色，如图5-20所示。

5）按<Ctrl+D>组合键取消选区，再次使用"钢笔工具"绘制轮廓，如图5-21所示。

图5-20　填充渐变颜色　　　　图5-21　再次绘制Logo轮廓

6）在工具栏中单击"渐变工具"按钮，在属性栏中单击"点按可编辑渐变"按钮，弹出"渐变编辑器"对话框，将0%位置处的R、G、B值设置为233、70、9，将100%位置处的R、G、B值设置为236、105、0，单击"确定"按钮，如图5-22所示。

7）按<Ctrl+Enter>组合键将路径转换为选区，拖动鼠标填充渐变颜色，如图5-23所示。

图5-22　设置渐变颜色　　　　图5-23　填充渐变颜色

8）按<Ctrl+D>组合键取消选区，最后将文件进行保存即可。

5.2.3 知识解析

路径是不包含像素的矢量对象，用户可以利用路径功能绘制各种线条或曲线，它在创建复杂选区、准确绘制图形方面更快捷、更实用。

1. 路径的形态

"路径"是由线条及其包围的区域组成的矢量轮廓。它包括有起点和终点的开放式路径（如图5-24所示），以及没有起点和终点的闭合式路径两种，如图5-25所示。此外，路径也可以由多个相互独立的路径组件组成，这些路径组件称为子路径，图5-26所示的路径中包含3个子路径。

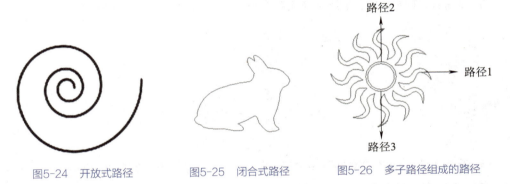

图5-24 开放式路径　　图5-25 闭合式路径　　图5-26 多子路径组成的路径

2. 路径的构成

路径由一个或多个曲线段或直线段、控制点、锚点和方向线等构成，如图5-27所示。

锚点被选中时为一个实心的方点，不被选中时是一个空心的方点。控制点在任何时候都是实心的方点，而且比锚点小。

锚点又称为定位点，它的两端会连接直线或曲线。根据控制柄和路径的关系，可分为几种不同性质的锚点。平滑点连接可以形成平滑的曲线，如图5-28所示；角点连接可形成直线或转角曲线，如图5-29所示。

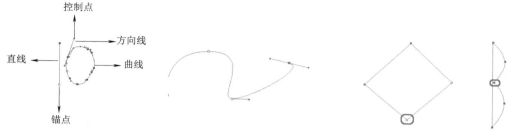

图5-27 路径构成　　图5-28 平滑点连接成的平滑曲线　　图5-29 角点连接成的直线、转角曲线

5.2.4 自主练习——制作吉祥物

通过绘制吉祥物学习手绘技法在实际中的应用，其效果如图5-30所示。

图5-30 吉祥物效果

1）新建文件。选择"文件"→"新建"命令，新建一个"宽"为20厘米、"高"为30厘米、"分辨率"为200像素/英寸、"颜色模式"为RGB颜色、背景内容为"白色"的文件。

2）绘制头部。按<Shift+Ctrl+N>组合键新建"图层1"，选择"钢笔工具"，将"五指宝贝"的头部绘制出来。双击"路径"面板中的工作路径，存储路径为"路径1"，按<Ctrl+Enter>组合键将路径转换为选区。

3）填充头部颜色。将前景色设置为淡蓝色（R：138，G：198，B：251），按<Alt+Delete>组合键使用前景色填充头部，选择"编辑"→"描边"命令，在弹出的"描边"对话框中设置宽度为8像素，将颜色设置为黑色，居外。

4）绘制眼睛。按<Shift+Ctrl+N>组合键新建"图层2"，选择"钢笔工具"，将"五指宝贝"的眼睛绘制出来，并仿照第2）、3）步用黑色描边，填充白色。

5）绘制眼球。按<Shift+Ctrl+N>组合键新建"图层3"，选择"椭圆工具"，绘制"五指宝贝"的眼球并填充为黑色。

6）绘制嘴巴。按<Shift+Ctrl+N>组合键新建"图层4"，选择"钢笔工具"，绘制"五指宝贝"的嘴巴，按<D>键，将前景色设置为黑色，选择"画笔工具"（大小为8pt，尖角笔触），单击"路径"面板中的"用画笔描边路径"按钮。

7)绘制鼻子。按<Shift+Ctrl+N>组合键新建"图层5",将前景色设置为淡红色(R:246,G:73,B:118),选择"画笔工具",设置参数,绘制"五指宝贝"的鼻子。

8)绘制胳膊。按<Shift+Ctrl+N>组合键新建"图层6",按下<D>键,再按下<X>键,将前景色设置为白色,利用"画笔工具"绘制"五指宝贝"的左胳膊。按<Ctrl+J>组合键复制图层,选择"编辑"→"变换"→"水平翻转"命令,再选择"编辑"→"变换"→"垂直翻转"命令,并调整到适当的位置,形成右胳膊。

9)绘制腿和脚。按<Shift+Ctrl+N>组合键新建"图层7",利用"画笔工具"绘制"五指宝贝"的腿和脚,将前景色设置为淡蓝色(R:49,G:195,B:227),填充脚的颜色。按<Ctrl+J>组合键复制图层7,选择"编辑"→"变换"→"水平翻转"命令,将另一只脚调整到适当的位置。

10)绘制背景。按<Shift+Ctrl+N>组合键新建"图层8",在"图层"面板中将"图层8"拖动到"背景"图层之前、其他图层后面,使用"画笔工具",选择笔尖形状,大小自定,调整前景色(R:104,G:159,B:216),绘制"五指宝贝"的背景。

11)添加效果。单击"图层"面板中的"创建新组"按钮,在"图层"面板中会自动生成"组1"。在"图层"面板中将"五指宝贝"的所有图层移动到"组1"内,然后复制"组1",得到"组1拷贝"。选择"组1拷贝",按<Ctrl+E>组合键将"组1拷贝"内的所有图层合并为"图层组1拷贝",为"组1拷贝"添加图层样式。

12)添加文字。输入文字"五指宝贝",字号为100,字体为华文云彩,颜色为浅蓝(R:67,G:81,B:185)。

5.3 制作邮票

扫码看视频

在信封上常常会看到邮票,可以把自己喜欢的图片制作成邮票,其效果如图5-31所示。

图5-31 邮票效果

5.3.1 知识要点

本例将通过"图层"面板、"路径"面板和"画笔工具"制作出邮票的形状。

5.3.2 实现步骤

1) 打开配套资源中的素材/Cha05/制作邮票.jpg文件，如图5-32所示。

2) 在"图层"面板中将"背景"图层拖至面板底端的"创建新图层"按钮上，得到"背景拷贝"图层，如图5-33所示。

图5-32　打开的素材文件　　　　图5-33　复制"背景"图层

3) 单击"图层"面板底端的"创建新图层"按钮，新建"图层1"，并将"图层1"拖至"背景拷贝"图层的下方。确定背景为白色的情况下，按<Ctrl+Delete>组合键，将"图层1"填充为白色，如图5-34所示。

图5-34　新建并填充"图层1"

4) 在"图层"面板中选择"背景拷贝"图层，按<Ctrl+T>组合键执行"自由变换"命令，在属性栏中按下"保持长宽比"按钮，将"W""H"锁定，设置"W"为50%，如图5-35所示，然后按<Enter>键确认。

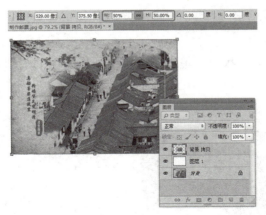

图5-35　调整"背景拷贝"的大小

> 提示
>
> 提示：使用"自由变换"命令可以对选区进行定量缩放，也可以进行不等比的缩放，同时还可以改变自由变换选区的位置、角度及形状。

5）在"图层"面板中选择"图层1"，按<Ctrl+T>组合捷键执行"自由变换"命令，在属性栏中分别设置"W"和"H"为60%、65%，如图5-36所示，然后按<Enter>键确认。

6）在"图层"面板中按住<Ctrl>键选择"背景拷贝"和"图层1"两个图层，按<Ctrl+E>组合键，将两个图层合并，如图5-37所示。

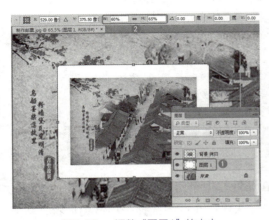 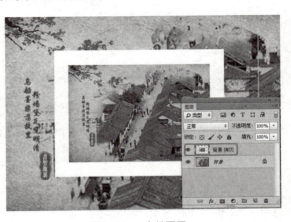

图5-36　调整"图层1"的大小　　　　　图5-37　合并图层

7）按住<Ctrl>键单击"背景拷贝"图层前的图层缩览图，将"背景拷贝"载入选区，如图5-38所示。

8）确定选区处于选择状态，单击"图层"面板底端的"创建新图层"按钮，新建"图层1"，如图5-39所示。

图5-38 将图层载入选区　　　　　　　图5-39 新建"图层1"

9）打开"路径"面板，然后单击面板底端的"从选区生成工作路径"按钮，即可将选区生成工作路径，如图5-40所示。

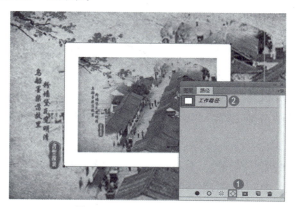

图5-40 从选区生成工作路径

提示

由于路径可以进行编辑，因此当选区范围不够精确时，可以通过将选区范围转换为路径进行调整。

10）在工具箱中选择"画笔工具"，然后在属性栏中单击"切换画笔面板"按钮，打开"画笔"面板，选择左侧的"画笔笔尖形状"选项，在右侧选择一种笔尖形状，然后设置"大小"为37像素，"间距"为148%，其他参数使用默认设置，如图5-41所示。

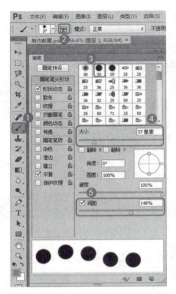

图5-41 设置画笔参数

11）确定"图层1"处于选择状态，单击"路径"面板中底端的"用画笔描边路径"按钮为路径描边，如图5-42所示。

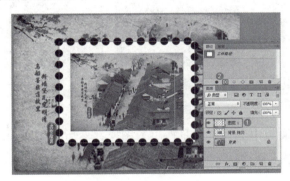

图5-42 描边路径

12）按住<Ctrl>键单击"图层1"前的图层缩览图，将画笔载入选区，如图5-43所示。

图5-43 将画笔载入选区

13）在"图层"面板中将"图层1"拖动到"删除图层"按钮上删除图层，效果如图5-44所示。

图5-44　删除图层

14）打开"路径"面板，确定工作路径处于选择状态，然后单击面板底端的"删除当前路径"按钮，在弹出的提示对话框中单击"是"按钮，删除路径后的效果如图5-45所示。

图5-45　删除路径

15）在"图层"面板中选择"背景拷贝"图层，然后按<Delete>键，将选区中的图像删除，如图5-46所示。然后按<Ctrl+D>组合键取消选区。

图5-46　将选区中的图像删除

16）在"图层"面板中选择"背景拷贝"图层，然后单击面板底端的"添加图层样式"按钮，在弹出的菜单中选择"投影"命令，如图5-47所示。

图5-47 选择"投影"命令

17）此时弹出"图层样式"对话框，在"结构"选项组中将阴影颜色的R、G、B值设置为136、129、129，将"距离"和"大小"的值均设置为10像素，将"扩展"设置为10%，单击"确定"按钮，如图5-48所示。

18）在工具箱中选择"横排文字工具"，在场景文件中输入"8"，然后选择输入的文本，在属性栏中将字体设置为"Bernard MT Condensed"，将"字体大小"设置为30点，如图5-49所示。

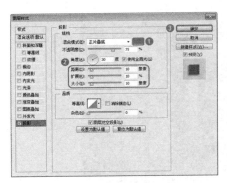

图5-48 设置"投影"样式参数

图5-49 输入并设置文字

19）使用"横排文字工具"在场景文件中输入文字"分"，然后选择输入的文字，在菜单栏中选择"窗口"→"字符"命令，打开"字符"面板，在"字符"面板中将字体设置为"宋体"，将字体大小设置为18点，然后单击"仿粗体"按钮，如图5-50所示。

图5-50 输入文字并设置

20）使用"横排文字工具"在场景文件中输入"珍藏版"，然后选择输入的文字，在"字符"面板中将字体设置为"华文隶书"，将字体大小设置为18点，如图5-51所示。

21）在"图层"面板中将"背景"图层拖动到"删除图层"按钮上，将其删除，效果如图5-52所示。

图5-51 继续输入文字并设置　　　　　　　图5-52 删除"背景"图层

22）新建"图层1"，将其调整至"背景拷贝"图层的下方，将前景色的R、G、B值设置为87、54、54，按<Alt+Delete>组合键填充颜色，最后利用"裁剪工具"剪切画布，效果如图5-53所示。

图5-53 设置完成后的效果

5.3.3 知识解析

要创建画笔并设置绘画选项，可以通过单击"画笔工具"属性栏中的"切换画笔面板"按钮打开"画笔"面板，从中进行操作。

1. 形状动态

形状动态决定描边时画笔笔迹的变化，无形状动态和有形状动态的画笔笔尖如图5-54所示。在"画笔"面板中选择左侧的"形状动态"复选框，可以编辑画笔的形状动态。

无形状动态画笔笔尖　　有形状动态画笔笔尖

图5-54　形状动态

1）大小抖动和控制：指定描边时画笔笔迹大小的改变方式。要指定抖动的最大百分比，可通过输入数字或拖动滑块来实现。要指定希望如何控制画笔笔迹的大小变化，可从"控制"下拉菜单中选取一个选项。下面对"控制"下拉菜单中的选项进行介绍。

关：指定不控制画笔笔迹的大小变化。

渐隐：按指定数值的步长在初始直径和最小直径之间渐隐画笔笔迹的大小。每个步长等于画笔笔尖的一个笔迹大小。值的范围为1～9999。例如，输入步长数"10"会产生10个增量的渐隐。

钢笔压力、钢笔斜度或光笔轮：可依据钢笔压力、钢笔斜度或钢笔拇指轮位置在初始直径和最小直径之间改变画笔笔迹大小。

2）最小直径：指定当启用"大小抖动"或"大小控制"时画笔笔迹可以缩放的最小百分比，可通过输入数字或拖动滑块来设置画笔笔尖直径的百分比值。

倾斜缩放比例：当将"大小抖动"设置为"钢笔斜度"时，该选项指定旋转前应用于画笔高度的比例因子。可以输入数字或者拖动滑块设置修改画笔直径的百分比值。

3）角度抖动和控制：指定描边时画笔笔迹角度的改变方式。要指定抖动的最大百分比，可输入一个百分比值。要指定希望如何控制画笔笔迹的角度变化，可从"控制"下拉菜单中选取一个选项。下面对"控制"下拉菜单中的选项进行介绍。

关：指定不控制画笔笔迹的角度变化。

渐隐：按指定数值的步长在0°～360°之间渐隐画笔笔迹角度。

钢笔压力、钢笔斜度、光笔轮、旋转：依据钢笔压力、钢笔斜度、钢笔拇指轮位置或钢笔旋转角度在0°～360°之间改变画笔笔迹的角度。

初始方向：使画笔笔迹的角度基于画笔描边的初始方向。

方向：使画笔笔迹的角度基于画笔描边的方向。

4）圆度抖动和控制：指定画笔笔迹的圆度在描边时的改变方式。要指定抖动的最大百分比，可输入一个指明画笔长短轴之间的比率的百分比。要指定希望如何控制画笔笔迹的圆度，可从"控制"下拉菜单中选取一个选项。下面对"控制"下拉菜单中的选项进行介绍。

关：指定不控制画笔笔迹的圆度变化。

渐隐：按指定数值的步长在100%和最小圆度值之间渐隐画笔笔迹的圆度。

钢笔压力、钢笔斜度、光笔轮、旋转：依据钢笔压力、钢笔斜度、钢笔拇指轮位置或钢笔旋转角度在100%和最小圆度值之间改变画笔笔迹的圆度。

5）最小圆度：指定当"圆度抖动"或"圆度控制"启用时画笔笔迹的最小圆度，输入一个指明画笔长短轴之间的比率的百分比即可实现。

2. 散布

"散布"可确定描边时笔迹的数目和位置，如图5-55所示。

无散布的画笔描边　　　　有散布的画笔描边

图5-55　散布

　　1）散布和控制：指定画笔笔迹在描边时的分布方式。当选择"两轴"时，画笔笔迹径向分布。当取消选择"两轴"时，画笔笔迹垂直于描边路径分布。要指定散布的最大百分比，可输入一个值。要指定希望如何控制画笔笔迹的散布变化，可从"控制"下拉菜单中选取一个选项。下面对"控制"下拉菜单中的选项进行介绍。

　　关：指定不控制画笔笔迹的散布变化。

　　渐隐：按指定数值的步长将画笔笔迹从最大散布渐隐到无散布。

　　钢笔压力、钢笔斜度、光笔轮、旋转：依据钢笔压力、钢笔斜度、钢笔拇指轮位置或钢笔的旋转来改变画笔笔迹的散布。

　　2）数量：指定在每个间距间隔应用的画笔笔迹数量。

　　3）数量抖动和控制：指定画笔笔迹的数量如何针对各种间距间隔而变化。要指定在每个间距间隔处涂抹的画笔笔迹的最大百分比，可输入一个值。要指定希望如何控制画笔笔迹的数量变化，可从"控制"下拉菜单中选取一个选项。下面对"控制"下拉菜单中的选项进行介绍。

　　关：指定不控制画笔笔迹的数量变化。

　　渐隐：按指定数值的步长将画笔笔迹数量从设置的数值渐隐到1。

　　钢笔压力、钢笔斜度、光笔轮、旋转：依据钢笔压力、钢笔斜度、钢笔拇指轮位置或钢笔旋转角度来改变画笔笔迹的数量。

3. 纹理

　　纹理利用图案使描边看起来像是在带纹理的画布上绘制的一样，如图5-56所示。

无纹理的画笔描边　　　　有纹理的画笔描边

图5-56　纹理

　　单击图案样本，然后从弹出式面板中选择图案。在弹出式面板中设置下面的一个或多个选项。

　　1）反相：基于图案中的色调反转纹理中的亮点和暗点。当选择"反相"时，图案中的最亮区域是纹理中的暗点，因此接收最少的油彩；图案中的最暗区域是纹理中的亮点，因此接收最多的油彩。当取消选择"反相"时，图案中的最亮区域接收最多的油彩，图案中的最暗区域接收最少的油彩。

　　2）缩放：指定图案的缩放比例，可输入数字或者拖动滑块来设置图案大小的百分比值。

　　为每个笔尖设置纹理，将选定的纹理单独应用于画笔描边中的每个画笔笔迹，而不是作为整体应用于画笔描边。必须选择此选项，才能使用"深度"选项。

3)模式:指定用于组合画笔和图案的混合模式。

4)深度:指定油彩渗入纹理中的深度,输入数字或者拖动滑块可设置数值。如果是100%,则纹理中的暗点不接收任何油彩。如果是0%,则纹理中的所有点都接收相同数量的油彩,从而隐藏图案。

5)最小深度:指定将"深度控制"设置为"渐隐""钢笔压力""钢笔斜度"或"光笔轮"且选中"为每个笔尖设置纹理"时油彩可渗入的最小深度。

6)深度抖动和控制:指定当选中"为每个笔尖设置纹理"时深度的改变方式。要指定抖动的最大百分比,可输入一个值。要指定希望如何控制画笔笔迹的深度变化,可从"控制"下拉菜单中选取一个选项。下面对"控制"下拉菜单中的选项进行介绍。

关:指定不控制画笔笔迹的深度变化。

渐隐:按指定数值的步长从"深度抖动"百分比渐隐到"最小深度"百分比。

钢笔压力、钢笔斜度、光笔轮、旋转:依据钢笔压力、钢笔斜度、钢笔拇指轮位置或钢笔旋转角度来改变深度。

4. 双重画笔

双重画笔组合两个笔尖来创建画笔笔迹,在使用主画笔描边时应用第二个画笔纹理,仅绘制两个画笔描边的交叉区域,如图5-57所示。用户可在"画笔"面板的"画笔笔尖形状"部分设置主要笔尖的选项,从"画笔"面板的"双重画笔"部分选择另一个画笔笔尖,然后设置以下选项。

单笔尖创建的画笔描边

双重笔尖创建的画笔描边

图5-57 双重画笔

1)模式:选择组合主要笔尖和双重笔尖画笔笔迹时要使用的混合模式。

2)直径:控制双笔尖的大小。以像素为单位输入值,或者选择"使用取样大小"来使用画笔笔尖的原始直径。只有当画笔笔尖形状是通过采集图像中的像素样本创建的时,"使用取样大小"选项才可用。

3)间距:控制描边时双笔尖画笔笔迹之间的距离。要更改间距,可通过输入数字或拖动滑块来实现。

4)散布:指定描边时双笔尖画笔笔迹的分布方式。当选中"两轴"时,双笔尖画笔笔迹径向分布。当取消选择"两轴"时,双笔尖画笔笔迹垂直于描边路径分布。要指定散布的最大百分比,可通过输入数字或拖动滑块来实现。

5)数量:指定在每个间距间隔应用的双笔尖画笔笔迹的数量,可通过输入数字或者拖动滑块来输入值。

5. 颜色动态

颜色动态决定描边路线中油彩颜色的变化方式,如图5-58所示。

　　无颜色动态的画笔描边　　有颜色动态的画笔描边

图5-58　颜色动态

　　1）前景/背景抖动和控制：指定前景色和背景色之间的油彩变化方式。要指定油彩颜色可以改变的百分比，可通过输入数字或拖动滑块来实现。要指定希望如何控制画笔笔迹的颜色变化，可从"控制"下拉菜单中选取一个选项。下面对"控制"下拉菜单中的选项进行介绍。

　　关：指定不控制画笔笔迹的颜色变化。

　　渐隐：按指定数值的步长在前景色和背景色之间改变油彩颜色。

　　钢笔压力、钢笔斜度、光笔轮、旋转：依据钢笔压力、钢笔斜度、钢笔拇指轮位置或钢笔旋转角度来改变前景色和背景色之间的油彩颜色。

　　2）色相抖动：指定描边时油彩色相可以改变的百分比，可通过输入数字或者拖动滑块来实现。较小的值可在改变色相的同时保持接近前景色的色相，较大的值可增大色相间的差异。

　　3）饱和度抖动：指定描边中油彩饱和度可以改变的百分比，可通过输入数字或者拖动滑块来实现。较小的值可在改变饱和度的同时保持接近前景色的饱和度。较大的值可增大饱和度级别之间的差异。

　　4）亮度抖动：指定描边中油彩亮度可以改变的百分比，可通过输入数字或者拖动滑块来实现。较小的值可在改变亮度的同时保持接近前景色的亮度。较大的值可增大亮度级别之间的差异。

　　5）纯度：用于增大或减小颜色的饱和度，可通过输入数字或者拖动滑块来实现。如果该值为-100，则颜色将完全去色；如果该值为100，则颜色将完全饱和。

6. 其他动态

　　其他动态选项确定油彩在描边路线中的改变方式，如图5-59所示。

　　无动态绘画的画笔描边　　有动态绘画的画笔描边

图5-59　其他动态

　　1）不透明度抖动和控制：指定画笔描边时的油彩不透明度如何变化。要指定油彩不透明度可以改变的百分比，可通过输入数字或拖动滑块来实现。要指定希望如何控制画笔笔迹的不透明度变化，可从"控制"下拉菜单中选取一个选项。下面对"控制"下拉菜单中的选项进行设置。

关：指定不控制画笔笔迹的不透明度变化。

渐隐：按指定数值的步长将油彩不透明度从属性栏中的不透明度值渐隐到0。

钢笔压力、钢笔斜度或光笔轮：可依据钢笔压力、钢笔斜度或钢笔拇指轮的位置来改变油彩的不透明度。

2）流量抖动和控制：指定画笔描边时的油彩流量如何变化。要指定油彩流量可以改变的百分比，可通过输入数字或拖动滑块来实现。要指定希望如何控制画笔笔迹的流量变化，可从"控制"下拉菜单中选取一个选项。下面对"控制"下拉菜单中的选项进行设置。

关：指定不控制画笔笔迹的流量变化。

渐隐：按指定数值的步长将油彩流量从属性栏中的流量值渐隐到0。

钢笔压力、钢笔斜度或光笔轮：可依据钢笔压力、钢笔斜度或钢笔拇指轮的位置来改变油彩的流量。

5.3.4 自主练习——制作蝴蝶相框

本练习通过绘制路径并为路径描上漂亮的边来制作精美的相框，最终效果如图5-60所示。

图5-60　蝴蝶相框

1）按<Ctrl+N>组合键，新建一个名称为"蝴蝶相框""宽度"为7英寸、"高度"为5英寸、"分辨率"为200像素/英寸、"颜色模式"为"RGB颜色"、"背景内容"为白色的文件。

2）按<D>键设置前景色为黑色、背景色为白色，选择"自定形状工具"，设置模式为"像素"，追加全部形状，选择形状为蝴蝶结形。按<Shift+Ctrl+N>组合键新建"图层1"，在新图层中绘制一个较小的蝴蝶结形。

3）使用"矩形选框工具"将蝴蝶结形框选，选择"编辑"→"定义画笔预设"命令，打开"画笔名称"对话框，将新画笔命名为"蝴蝶结"。单击"确定"按钮，可将所绘制的蝴蝶结添加到画笔预设列表中，然后将画布中的蝴蝶结图案删除。

4)选择"自定形状工具",设置模式为"路径",选择形状为蝴蝶结形,在图像窗口中绘制一个蝴蝶形路径。

5)选择"画笔工具",在其属性栏中单击"切换画笔面板"按钮,打开"画笔"面板,在画笔列表中选择前面设置的蝴蝶结形画笔,调整其"大小"为50像素,"间距"为100%。在"路径"面板中单击"用画笔描边路径"按钮,蝴蝶结形将按设置分布在路径上。

6)打开"样式"面板,在列表中选择"毯子(纹理)"选项,将其应用到"图层1"。

7)在"路径"面板中取消选中蝴蝶结形工作路径。打开配套资源中的素材/Cha05/婚纱.jpg文件,按<Ctrl+A>组合键全选图像,按<Ctrl+C>组合键复制图像,选择"蝴蝶相框"文件,按<Shift+Ctrl+V>组合键原位粘贴,系统自动产生"图层2",在"图层"面板中将"图层2"移到"图层1"的下方。

8)在"图层"面板中选择"图层2",按<Ctrl+T>组合键打开自由变换调节框,按住<Alt+Shift>组合键从中心将图像按比例缩小,调整至合适比例后,按<Enter>键确定。选择"图层1",在"路径"面板中选择蝴蝶结形工作路径,在"图层"面板中按<Ctrl+Enter>组合键将路径转换为选区,保留选区,选择"图层2",在"图层"面板下方单击"添加矢量蒙版"按钮即可完成效果。

5.4 制作"新品上市"海报

扫码看视频

本例将以"新品上市"海报设计为例,来讲解如何绘制路径文字,效果如图5-61所示。

图5-61 本例效果

5.4.1 知识要点

本例主要用到的工具有"钢笔工具""横排文字工具""路径选择工具"和"直接选择工具"。

5.4.2 实现步骤

1)打开配套资源中的素材/Cha05/新品上市.psd文件,在工具箱中选择"横排文字工具" ,然后在场景文件中输入"新品上市"4个字。打开"字符"面板,将"字体系列"和"大小"分别设置为"方正粗圆简体"和180点,将"颜色"的R、G、B值分别设置为33、133、183,效果如图5-62所示。

2)确认文字图层处于编辑状态,然后在菜单栏中选择"类型"→"转换为形状"命令,如图5-63所示。

图5-62 输入文字并设置参数

图5-63 选择"转换为形状"命令

3)执行此命令后的"图层"面板及效果如图5-64所示。

4)在工具箱中选择"路径选择工具" ,选中"品"字,然后按<Delete>键将其删除,效果如图5-65所示。

图5-64　转换为形状后的"图层"面板及效果　　　　　图5-65　删除"品"字

5）在工具箱中选择"直接选择工具"，选中"新"字"亲"中的撇和"斤"并将其删除，如图5-66所示。

图5-66　删除"新"字"亲"中的撇和"斤"

6）在工具箱中选择"钢笔工具"，在场景文件中绘制图形，效果如图5-67所示。

7）再次选择"直接选择工具"，将"上"字下边的横删除，效果如果5-68所示。

图5-67　绘制图形　　　　　　　　　　图5-68　删除"上"字下边的横

8）再次使用"钢笔工具"，在场景文件中绘制"上"字下边的横所在位置的图形，效果如图5-69所示。

（9）在工具箱中选择"横排文字工具"，在场景文件中输入"品"字。选中输入的文字，在"字符"面板中将"字体系列"和"大小"分别设置为"方正粗圆简体"和175点，将颜色的R、G、B值分别设置为33、133、183，效果如图5-70所示。

图5-69　再次绘制图形

图5-70　设置文字参数后的效果

10）确认"品"字图层处于编辑状态，双击该图层，在弹出的"图层样式"对话框中选择"描边"复选框，将"大小"设置为4像素，将"颜色"设置为白色，其他参数不变，如图5-71所示。

11）单击"确定"按钮，选择"路径选择工具"，选择场景文件中的"新上市"文字，然后在工具属性栏中将"描边"设置白色，将"粗细"设置为2点，如图5-72所示。

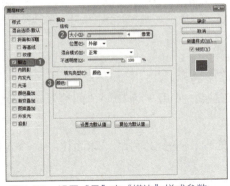
图5-71　设置"品"字"描边"样式参数

图5-72　设置"新上市"描边参数

12）选择"新品上市"文字，对图层进行复制并调整文本的位置，将文本颜色的R、G、B值设置为211、231、241，调整图层的顺序，此时的"图层"面板及海报效果如图5-73所示。

图5-73　完成后的"图层"面板及海报效果

5.4.3 知识解析

路径选择工具用于选择一个或几个路径，并可对其进行移动、组合、对齐、分布和变形等操作。选择"路径选择工具"，其属性栏如图5-74所示。

图5-74 "路径选择工具"属性栏

5.4.4 自主练习——制作草莓

本练习学习草莓的制作，重点掌握"通道""曲线""光照效果""计算"等命令的应用，实现图5-75所示的草莓效果。

1）打开配套资源中的素材/Cha05/草莓.psd文件。

2）首先利用"铅笔工具"和"画笔工具"绘制图案。

3）再利用"钢笔工具"绘制路径并转换为图层，使用"计算""曲线"命令对绘制的图层进行处理。

4）使用"光照效果"命令对图层进行光照处理，并多次利用"球面化"命令对图层进行圆滑处理。

5）最后为草莓制作阴影效果，将草莓进行编组，对草莓进行旋转复制，并调整其位置和大小。

图5-75 草莓效果

第 6 章 婚纱及艺术照片处理——通道和蒙版

【本章导读】

知识基础
- 图层蒙版
- 矢量蒙版

重点知识
- 利用通道替换背景
- 替换婚纱颜色

提高知识
- Alpha通道
- 栅格图像

本章主要介绍"蒙版"和"通道"面板的应用。蒙版是进行图像合成的重要手法,它可以控制部分图像的显示与隐藏,还可以对图形对象进行抠图处理;通道就是选区。蒙版包括图层蒙版、快速蒙版、矢量蒙版和剪贴蒙版,通道包括颜色通道、Alpha通道和专色通道。利用蒙版和通道工具处理婚纱照片,能在感受美的同时提高艺术素养和勇于探索、专注创新的职业精神。

第6章 婚纱及艺术照片处理——通道和蒙版

6.1 制作婚纱照

扫码看视频

本例讲解的婚纱照制作使用了书翻页的效果，使其给人立体的感觉，配合素材的添加，完成后的效果如图6-1所示。

图6-1 婚纱照效果

6.1.1 知识要点

本例使用"钢笔工具"绘制轮廓，并使用了图层蒙版。

6.1.2 实现步骤

1）启动软件后按<Ctrl+N>组合键，弹出"新建"对话框，将"名称"设置为"幸福的时光"，将"宽度"和"高度"分别设置为4803像素和3465像素，将"分辨率"设置为300像素/英寸，将"颜色模式"设置为RGB颜色、8位，单击"确定"按钮，如图6-2所示。

2）新建"底图"图层，并对其填充颜色f5f0e5，如图6-3所示。

图6-2 新建文档

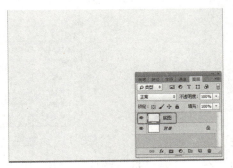

图6-3 新建图层并填充颜色

· 141 ·

3）新建"书页"图层，使用"钢笔工具"绘制书页形状，如图6-4所示。按<Ctrl+Enter>组合键将其载入选区，并对其填充白色，按<Ctrl+D>组合键取消选区，完成后的效果如图6-5所示。

4）双击"书页"图层，弹出"图层样式"对话框，选择"投影"复选框，进行图6-6所示的设置。

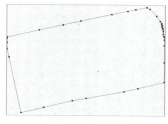

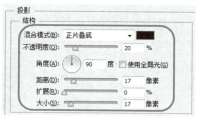

图6-4　绘制路径　　　　　图6-5　填充颜色后的效果　　　图6-6　设置书页"投影"样式参数

5）新建"卷页"图层，选择"钢笔工具"，绘制形状并填充白色，如图6-7所示。双击"卷页"图层，弹出"图层样式"对话框，选择"投影"复选框，进行图6-8所示的设置。

6）新建"第一页"图层，使用"多边形套索工具"绘制选区，如图6-9所示。

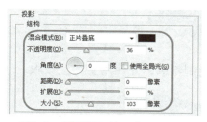

图6-7　绘制卷页　　　　图6-8　设置卷页"投影"样式参数　　　图6-9　绘制选区

7）在工具箱中选择"渐变工具"，设置渐变色为#ddd0c7到白色的渐变，使用"线性渐变"对选区进行填充，完成后的效果如图6-10所示。

8）双击"第一页"图层，弹出"图层样式"对话框，选择"投影"复选框，进行图6-11所示的设置。

9）新建"第二页"图层，使用"多边形套索工具"绘制选区，并对其填充#ddd0c7到白色的渐变，如图6-12所示。

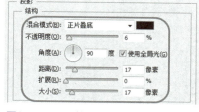

图6-10　填充渐变色　　　图6-11　设置第一页"投影"样式参数　图6-12　绘制"第二页"并填充颜色

10）双击"第二页"图层，弹出"图层样式"对话框，选择"投影"复选框，进行

图6-13所示的设置。

11）新建"第三页"图层，将其放置到"卷页"图层的下方，使用"多边形套索工具"绘制选区，对其填充与上一步相同的渐变色，完成后的效果如图6-14所示。

12）双击"第三页"图层，弹出"图层样式"对话框，选择"投影"复选框，进行图6-15所示的设置。

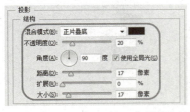  

图6-13 设置第二页"投影"样式参数　图6-14 绘制第三页并填充颜色　图6-15 设置第三页"投影"样式参数

13）打开配套资源中的素材/Cha06/J人物.png文件，拖至文档中，将其命名为"J人物"，并将其放置在"第三页"图层的上方，创建"剪贴蒙版"，完成后的效果如图6-16所示。

14）打开"图层"面板，单击"创建新的填充或调整图层"按钮，在弹出的快捷菜单中选择"纯色"命令，弹出"拾色器"对话框，将颜色设置为"#ddd0c7"，单击"确定"按钮，然后将其调整到"J人物"图层上方，创建"剪贴蒙版"，如图6-17所示。

提示

选择需要创建剪贴蒙版的图层，按住 <Alt> 键在图层的缩览图右侧单击，可快速创建剪贴蒙版。

15）选择"颜色填充1"图层的蒙版，使用"矩形选框工具"绘制选区，按<Ctrl+T>组合键对选区进行调整，如图6-18所示。

 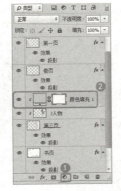 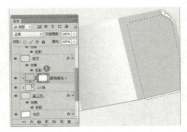

图6-16 添加素材文件并调整后的效果　　图6-17 创建颜色填充图层　　图6-18 创建选区并调整

16）按<Shift+F6>组合键弹出"羽化选区"对话框，将"羽化半径"设置为30像素，单击"确定"按钮，对选区填充黑色，按<Ctrl+D>组合键取消选区，并为其创建剪贴蒙版，完成后的效果如图6-19所示。

17）在"第二页"图层上方创建"相框"图层，使用"多边形套索工具"绘制选区并对其填充#f5f0e5颜色，如图6-20所示。

图6-19　羽化选区并创建剪贴蒙版后的效果

图6-20　绘制选区并填充颜色

18）双击"相框"图层，弹出"图层样式"对话框，选择"描边"复选框，将"大小"设置为13像素，将"描边颜色"设置为"#a1a1a1"，如图6-21所示。

19）打开"J人物2.jpg"文件并拖至文档中，命名为"J人物2"，将其放置到"相框"图层的上方，调整大小和位置，创建"剪贴蒙版"，完成后的效果如图6-22所示。

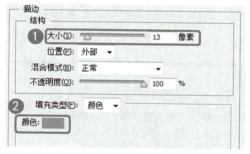
图6-21　设置相框"描边"样式参数

图6-22　添加素材文件并调整后的效果

20）打开"图层"面板，单击"创建新的填充或调整图层"按钮，在弹出的快捷菜单中选择"纯色"命令，弹出"拾色器"对话框，将颜色设置为"#ddd0c7"，单击"确定"按钮，并将其调整到"J人物2"图层上方，创建"剪贴蒙版"，如图6-23所示。

图6-23　创建调整图层

21）选择"颜色填充2"图层的蒙版，在工具箱中选择"画笔工具"，选择一种柔边画笔，将"画笔大小"设置为1000像素，将"不透明度"设置为50%，对蒙版区域进行涂抹，完成后的效果如图6-24所示。

22）打开素材文件"J光1.png"，将其拖到文档中，并将其命名为"J光1"，调整位置，完成后的效果如图6-25所示。

23）在工具箱中选择"横排文字工具"，输入文字"I LOVE YOU"。打开"字符"面板，将"字体"设置为"经典粗宋简"，将"字体大小"设置为30点，将"字符间距"设置为100，将"字体颜色"设置为黑色，并对其进行加粗，按<Ctrl+T>组合键进行适当旋转，完成后的效果如图6-26所示。

图6-24 对蒙版区域涂抹后的效果

图6-25 添加素材文件并调整后的效果

24）打开素材文件"J文字.png"，拖至舞台中，并将其命名为"J文字"，调整位置，完成后的效果如图6-27所示。

图6-26 输入文字并设置

图6-27 添加素材并调整后的效果

25）新建"照片1"图层，使用"多边形套索工具"绘制选区并填充为白色，效果如图6-28所示。双击"照片1"图层，打开"图层样式"对话框，选择"投影"复选框，进行图6-29所示的设置。

26）新建"照片2"图层，使用"多边形套索工具"绘制选区，并对其填充"#f5f0e5"，效果如图6-30所示。

 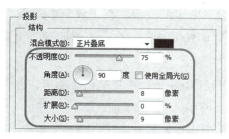 

图6-28　绘制选区并填充后的效果　　图6-29　设置照片1"投影"样式参数　　图6-30　绘制选区并填充后的效果

27）双击"照片2"图层，弹出"图层样式"对话框，选择"描边"复选框，将"描边颜色"设置为"#dfd3cb"，进行图6-31所示的设置。然后选择"投影"复选框，进行图6-32所示的设置。

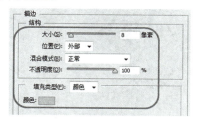 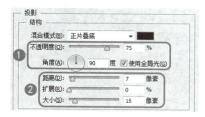

图6-31　设置照片2"描边"样式参数　　图6-32　设置照片2"投影"样式参数

28）将"J人物3.jpg"文件拖到文档中，调整位置，命名为"J人物3"，放置在"照片2"图层的上方，并创建"剪贴蒙版"，完成后的效果如图6-33所示。

图6-33　添加素材文件并创建剪贴蒙版后的效果

29）使用相同的方法制作出另一张照片的效果，如图6-34所示。

30）添加"J海螺.png"文件，并命名为"J海螺"，完成后的效果如图6-35所示。

图6-34　另一张照片的效果　　　　图6-35　添加素材文件后的效果

31）打开"J直线.png"文件，拖到文档中，修改名称为"J直线"，并对其进行复制，调整位置和大小，效果如图6-36所示。

图6-36 添加素材并调整后的效果

32）使用同样的方法添加其他素材文件，从而完成最终效果的制作。

6.1.3 知识解析

图层蒙版和剪贴蒙版都是基于像素的蒙版，矢量蒙版则是基于矢量对象的蒙版，它是通过路径和矢量形状来控制图像显示区域的。为图层添加矢量蒙版后，"路径"面板中会自动生成一个矢量蒙版路径，如图6-37所示。编辑矢量蒙版时需要使用绘图工具。

矢量蒙版与分辨率无关，因此在进行缩放、旋转、扭曲等变换和变形操作时不会产生锯齿，但这种类型的蒙版只能定义清晰的轮廓，无法创建类似图层蒙版那种淡入淡出的遮罩效果。在Photoshop中，一个图层可以同时添加一个图层蒙版和一个矢量蒙版，矢量蒙版显示为灰色图标，并且总是位于图层蒙版之后，如图6-38所示。

图6-37 矢量蒙版路径

图6-38 矢量蒙版的显示

6.1.4 自主练习——制作斜向波尔卡点效果

本练习通过制作斜向波尔卡点效果来学习通道的使用方法，效果如图6-39所示。

图6-39 斜向波尔卡点效果

1)打开配套资源的素材/Cha06/斜向波尔卡点素材.jpg文件。
2)在"通道"面板中创建新通道Alpha1。
3)选择"渐变工具",设置填充方式为"线性渐变",自画布右下角向中心填充。
4)在"彩色半调"对话框中设置"最大半径"为25像素。
5)首先将通道载入选区,然后按<Shift+Ctrl+I>组合键反选选区。

> **提示**
>
> 将通道载入选区时载入的是白色部分,而圆点是黑色部分,因此需要对选区反选,得到黑色点状区域。

6)单击"通道"面板中的RGB复合通道,回到RGB模式。
7)在"图层"面板中新建"图层1",按<D>键设置默认前景色和背景色,按<Ctrl+Delete>组合键使用背景色填充画布。
8)设置"图层1"的不透明度为50%,完成最终效果。

6.2 制作彩点边框

扫码看视频

本例将介绍彩点边框效果的制作,完成效果如图6-40所示。

图6-40 彩点边框效果

6.2.1 知识要点

本例主要通过"创建新通道""渐变工具""半调图案"来表现。

6.2.2 实现步骤

1)打开配套资源中的素材/Cha06/彩点边框.jpg文件,如图6-41所示。

图6-41 打开的文件

2)在"图层"面板中将"背景"图层拖动至面板底端的"创建新图层"按钮上,复制图层,如图6-42所示。

3)在"通道"面板中单击"创建新通道"按钮新建通道,如图6-43所示。

图6-42 复制图层　　　　　　　　图6-43 新建通道

4)在工具箱中选择"渐变工具" ,在工具属性栏中将渐变定义为"从黑到白",然后在场景中从右向左拖动鼠标进行填充,如图6-44所示。

5)在菜单栏中选择"滤镜"→"滤镜库"命令,如图6-45所示。

图6-44 填充渐变色　　　　　　　　　图6-45 选择"滤镜库"命令

6）在弹出的对话框中选择"素描"下方的"半调图案"，将"大小"和"对比度"参数分别设置为12、50，设置完成后单击"确定"按钮，如图6-46所示。

7）在工具箱中选择"矩形选框工具"，在场景中创建选区，如图6-47所示。

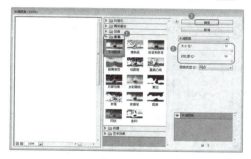

图6-46 设置"半调图案"参数　　　　　图6-47 创建选区

8）确定选区处于选择状态，在工具箱中设置背景色为黑色，按<Ctrl+Delete>组合键将背景色填充到选区，如图6-48所示。

9）按<Ctrl+D>组合键取消选区，然后按住<Ctrl>键的同时单击Alpha1的缩览图，将该通道载入选区，如图6-49所示。

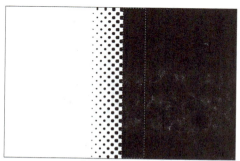

图6-48 填充选区　　　　　　　　　　图6-49 将通道载入选区

10）返回RGB通道，使用方向键调整选区的位置，如图6-50所示。

11）确定"背景拷贝"图层处于选择状态，按<Delete>键将选区删除，单击"背景"图层前面的眼睛图标，将该图层隐藏，如图6-51所示。

图6-50 移动选区

图6-51 删除左侧选区图像并隐藏"背景"图层

12）在菜单栏中选择"选择"→"变换选区"命令，单击鼠标右键，在弹出的快捷菜单中选择"水平翻转"命令，如图6-52所示。

13）按<Enter>键确认操作，将选区翻转到场景的右侧，按<Delete>键删除，如图6-53所示。

图6-52 选择"水平翻转"命令

图6-53 删除右侧选区图像

14）使用同样的方法将选区移动到场景的上方和下方，并将选区删除，完成后的效果如图6-54所示。

15）在"图层"面板中单击"创建新图层"按钮，新建"图层1"，然后将其拖到"背景拷贝"图层下方，并为其填充#e0fff6颜色，如图6-55所示。

16）选中"背景拷贝"图层，然后在工具箱中选择"裁剪工具"，调整其大小。此时完成最终效果的制作。

图6-54 删除选区图像的效果图

图6-55 新建图层并填充颜色

6.2.3 知识解析

通道是Photoshop中非常重要也是非常核心的功能之一，它用来保存选区和图像的颜色信息。当打开一个图像时，"通道"面板中会自动创建该图像的颜色通道。

如图6-56所示，在图像窗口中看到的彩色图像是复合通道的图像，它是由所有颜色通道组合起来产生的效果，从图6-57所示的"通道"面板可以看到，此时所有的颜色通道都处于激活状态。

图6-56　打开的图像

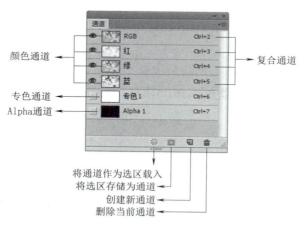

图6-57　"通道"面板

单击一个颜色通道即可选择该通道，图像窗口中会显示所选通道的灰度图像，如图6-58所示。

按住<Shift>键单击其他通道，可以选择多个通道，此时窗口中将显示所选颜色通道的复合信息，如图6-59所示。

图6-58 选择"绿"通道

图6-59 选择"红""绿"通道

通道是灰度图像，可以像处理图像那样使用绘画工具和滤镜对它们进行编辑。编辑复合通道时将影响所有的颜色通道，如图6-60所示。

编辑某一颜色通道时，会影响该通道及复合通道，但不会影响其他颜色通道，如图6-61所示。

图6-60 编辑复合通道

图6-61 编辑某一通道

颜色通道用来保存图像的颜色信息，因此，编辑颜色通道时将影响图像的颜色和外观效果。Alpha通道用来保存选区，因此，编辑Alpha通道时只影响选区，不会影响图像。对颜色通道或者Alpha通道编辑完成后，如果要返回到彩色图像状态，可单击RGB通道，此时，所有的颜色通道将重新被激活，如图6-62所示。

图6-62 返回到彩色图像状态

> **提示**
>
> 同时按<Ctrl>键和数字键可以快速选择通道，以RGB模式图像为例，按<Ctrl+3>组合键可以选择"红"通道、按<Ctrl+4>组合键可以选择"绿"通道、按<Ctrl+5>组合键可以选择"蓝"通道。如果图像包含多个Alpha通道，则增加相应的数字便可以将它们选择。如果要回到RGB通道查看彩色图像，可以按<Ctrl+2>组合键。

6.2.4 自主练习——风景剪影

本练习学习如何制作风景剪影，其效果如图6-63所示。

1）打开配套资源中的素材/Cha06/风景图片.jpg文件，按<Ctrl+J>组合键复制"背景"图层得到"图层1"。

2）使用蓝色#37c9f3填充"背景"图层。

3）为"图层1"添加图层蒙版，并填充蒙版为黑色，全部遮蔽校园风景。

4）设置前景色为白色，选择"自定形状工具"，在属性栏选择"像素填充"选项，选择合适的形状，在画布上拖动，得到剪影效果。

图6-63 风景剪影

6.3 制作栅格图像

扫码看视频

本例将介绍栅格图像的制作，完成后的效果如图6-64所示。

图6-64 栅格图像

6.3.1 知识要点

本例将通过在"通道"面板中创建通道并载入选区的方法为图像添加栅格效果。

6.3.2 实现步骤

1)启动软件后打开配套资源中的素材/Cha06/栅格效果.jpg文件,如图6-65所示。

2)打开"图层"面板,使用鼠标选中"背景"图层并拖动至"创建新图层"按钮上,即可复制图层,如图6-66所示。

3)确认选中复制的图层,在菜单栏中选择"滤镜"→"模糊"→"动感模糊"命令,在弹出的"动感模糊"对话框中将"角度"设置为0°,将"距离"设置为100像素,如图6-67所示。

图6-65 打开的素材

图6-66 复制图层

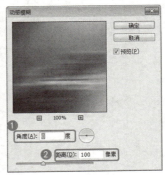

图6-67 "动感模糊"对话框

4）设置完成后单击"确定"按钮，效果如图6-68所示。

5）打开"通道"面板，单击"创建新通道"按钮，即可创建Alpha通道，如图6-69所示。

6）创建新通道后，按<Ctrl+N>组合键新建文件，在弹出的"新建"对话框中将"宽度"设置为1厘米，将"高度"设置为1厘米，将"分辨率"设置为300像素/英寸，如图6-70所示。

图6-68　设置动感模糊后的效果

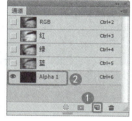
图6-69　创建通道

图6-70　新建文件

7）设置完成后单击"确定"按钮，然后按<Ctrl++>组合键，使文件适合屏幕显示，如图6-71所示。

8）在工具箱中选择"矩形选框工具"，在文件中按住<Shift>键绘制一个正方形的选区，效果如图6-72所示。

图6-71　使文件适合屏幕显示

图6-72　绘制正方形的选区

9）按<D>键将前景色与背景色替换为默认颜色，为选区填充黑色，如图6-73所示。

10）使用相同的方法为文件添加其他黑色块，效果如图6-74所示。

图6-73　为选区填充颜色

图6-74　添加更多的色块

11）在菜单栏中选择"编辑"→"定义图案"命令，在打开的"图案名称"对话框中将"名称"设置为"定义图案"，单击"确定"按钮，如图6-75所示。

12）返回到打开的素材文件中，打开"通道"面板，确认选中Alpha通道，按<Shift+F5>组合键打开"填充"对话框，将"使用"设置为图案，选择刚才定义的图案，如图6-76所示。

图6-75 设置图案名称　　　　图6-76 设置"填充"参数

13）设置完成后单击"确定"按钮，即可为Alpha通道填充图案，效果如图6-77所示。

14）为通道填充图案后，按住<Ctrl>键的同时单击Alpha通道的缩览图，载入选区，效果如图6-78所示。

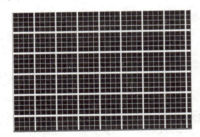

图6-77 为Alpha通道填充图案　　　　图6-78 载入选区

15）打开"图层"面板，选择"背景拷贝"图层，按<Delete>键删除选区中的图像，按<Ctrl+D>组合键取消选区，效果如图6-79所示。

16）在"图层"面板中确认选中"背景拷贝"图层，将其"混合模式"设置为滤色，将"不透明度"设置为80%，如图6-80所示。

图6-79 删除选区中的图像并取消选区　　　　图6-80 设置图层"混合模式"和"不透明度"

17）在工具箱中选择"橡皮擦工具"，在工具属性栏中选择一个笔触，将"不透明度"设置为50%，然后在文件中对"背景拷贝"图层中的酒杯和酒瓶进行涂抹。

18）至此，栅格图像制作完成，对完成后的场景进行保存即可。

6.3.3 知识解析

Alpha通道用来保存选区，它可以将选区存储为灰度图像。在Alpha通道中，白色代表被选择的区域，黑色代表未被选择的区域，灰色则代表被部分选择的区域，即羽化的区域。图6-81所示为一个添加了渐变的Alpha通道，并通过Alpha通道载入选区。图6-82所示为载入该通道中的选区后切换至RGB复合通道并删除选区中像素后的图像效果。

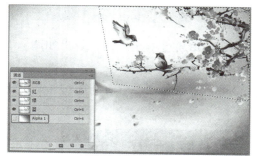
图6-81　显示图像的Alpha通道

图6-82　删除选区中像素后的图像效果

除了可以保存选区外，也可以在Alpha通道中编辑选区。用白色涂抹通道可以扩大选区的范围，用黑色涂抹可以收缩选区的范围，用灰色涂抹则可以增加羽化的范围，图6-83所示为修改后的Alpha通道，图6-84所示为载入该通道中的选区后选取出来的图像。

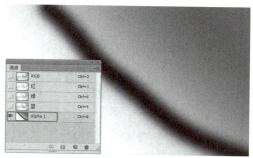
图6-83　修改后的Alpha通道

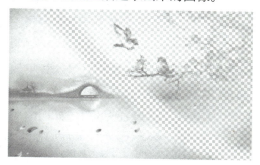
图6-84　选区通道中的图像

6.3.4 自主练习——杯中风景

本练习制作的杯中风景效果如图6-85所示。

1）打开配套资源中的素材/Cha06/杯子.jpg和风景图片.jpg文件。

2）使用"套索工具"将"杯子.jpg"拖动到"风景图片.jpg"中，生成"图层1"，在"图层"面板中为"图层1"添加图层蒙版。使用柔角画笔工具，设置不同的灰度后在玻璃杯上涂抹，产生半透明效果，如图6-85所示。

图6-85　杯中风景

6.4　改变婚纱颜色

扫码看视频

本例将介绍如何利用通道改变婚纱颜色，改变颜色的前后效果如图6-86所示。

图6-86　改变婚纱颜色前后的效果

6.4.1　知识要点

改变颜色的方法有多种，其中"色相/饱和度"和"色彩平衡"是常用的，这里将介绍一种特殊的方法——利用通道替换颜色。

6.4.2 实现步骤

1）打开配套资源中的素材/Cha06/替换婚纱颜色.jpg文件，如图6-87所示。

2）在工具箱中选择"钢笔工具" ，在场景中沿人物的婚纱部分绘制路径，如图6-88所示。

图6-87　打开的素材文件　　　　图6-88　使用"钢笔工具"绘制路径

3）确定路径处于选择状态，按<Ctrl+Enter>组合键将路径转换为选区，如图6-89所示。

4）在"通道"面板中单击面板底端的"创建新通道"按钮 ，新建通道，如图6-90所示。

图6-89　将路径转换为选区　　　　图6-90　新建通道

5）确定选区处于选择状态，在工具箱中选择"油漆桶工具" ，将前景色设置为白色，然后为选区填充前景色，如图6-91所示。

6）返回RGB通道后的效果如图6-92所示。

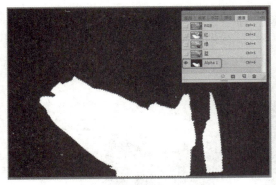 

图6-91 填充选区　　　　　　　图6-92 返回RGB通道后的效果

7）选择"蓝"通道，并单击RGB通道前面的眼睛图标，如图6-93所示。

8）确定"蓝"通道处于选择状态，按<Ctrl+M>组合键，在弹出的"曲线"对话框中调整曲线，如图6-94所示。

 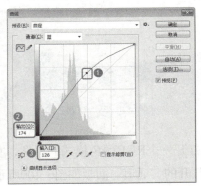

图6-93 选择"蓝"通道　　　　　图6-94 调整曲线

9）调整完成后单击"确定"按钮，效果如图6-95所示。

10）确定选区处于选择状态，选择菜单栏中的"选择"→"修改"→"边界"命令，在弹出的"边界选区"对话框中将"宽度"参数设置为3像素，单击"确定"按钮，如图6-96所示。

图6-95 调整后的效果　　　　　图6-96 设置边界选区的宽度

11）选择边界后的效果如图6-97所示。

12）在菜单栏中选择"滤镜"→"模糊"→"高斯模糊"命令，在弹出的"高斯模糊"对话框中将"半径"参数设置为2像素，设置完成后单击"确定"按钮，如图6-98所示。至此，该例替换颜色完成。

图6-97 选择边界后的效果

图6-98 设置"高斯模糊"参数

6.4.3 知识解析

打开一个RGB颜色模式的图像，在菜单栏中选择"窗口"→"通道"命令，如图6-99所示打开的"通道"面板如图6-100所示。

图6-99 选择"通道"命令

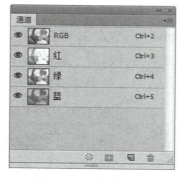
图6-100 "通道"面板

提示

由于复合通道是由各原色通道组成的，因此在选中"通道"面板中的某个原色通道时，复合通道将会自动隐藏。如果显示复合通道，那么原色通道将自动显示。

- 查看与隐藏通道：单击 👁 图标可以使通道在显示和隐藏之间切换，用于查看某一颜色在图像中的分布情况。例如RGB颜色模式的图像，如果选择显示RGB通道，则"红"通道、"绿"通道和"蓝"通道都自动显示。但选择其中的任意原色通道，其他通道则会自动隐藏，如图6-101所示。

- 通道缩览图调整：单击"通道"面板右上角的 ▼≡ 按钮，从弹出的面板菜单中选择"面板选项"命令，如图6-102所示，打开"通道面板选项"对话框，从中可以设定通道缩览图的大小，以便对缩览图进行观察，如图6-103所示。

图6-101 通道的显示与隐藏

图6-102 选择"面板选项"命令

- 通道的名称：它能帮助用户很快识别各种通道的颜色信息。各原色通道和复合通道的名称是不能更改的，Alpha通道的名称可以通过双击通道名称任意修改，如图6-104所示。

图6-103 "通道面板选项"对话框

图6-104 重命名Alpha通道

- 创建新通道：单击 🔲 按钮可以创建新的Alpha通道，按住<Alt>键并单击该按钮可以在新建通道时设置参数，如图6-105所示。如果按住<Ctrl>键并单击该按钮，则可以创建新的专色通道，如图6-106所示。

图6-105　"新建通道"对话框　　　　　图6-106　"新建专色通道"对话框

> **提示**
>
> 将颜色通道删除后会改变图像的颜色模式。例如原图像为RGB颜色模式时，删除其中的"绿"通道，剩余的通道将变为"青色"通道和"黄色"通道，此时的颜色模式将变为多通道模式，如图6-107所示。

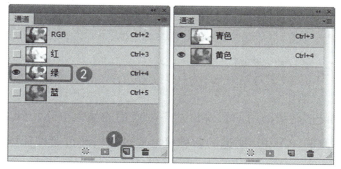

图6-107　删除"绿"通道

单击"创建新通道"按钮 所创建的通道均为Alpha通道，颜色通道无法通过单击"创建新通道"按钮创建。

选择任意一个通道，在"通道"面板中单击"将通道作为选区载入"按钮 ，则可将通道中颜色比较淡的部分当作选区加载到图像中，如图6-108所示。

图6-108　将通道作为选区载入

> **提示**
>
> 将通道载入选区，还可以通过按住<Ctrl>键的同时在面板中单击该通道来实现。

如果当前图像中存在选区，那么可以通过单击"将选区存储为通道"按钮 把当前的选区存储为新的通道，以便以后修改和使用。在按住<Alt>键的同时单击该按钮，可以打开"新建通道"对话框，新建一个通道并且为该通道设置参数，如图6-109所示。

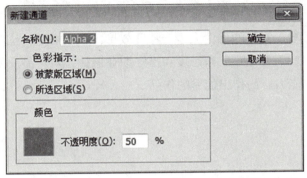

图6-109　按<Alt>键单击此图标打开"新建通道"对话框

单击"删除通道"按钮可以将当前的编辑通道删除。

6.4.4 自主练习——巧换婚纱照背景

巧换婚纱照背景后的效果如图6-110所示。

图6-110　巧换婚纱照背景后的效果

1）打开配套资源中的素材/Cha06/巧换婚纱照背景.jpg和校园风景.jpg。

2）将"校园风景.jpg"拖动到"巧换婚纱照背景.jpg"中，生成"图层1"，在"图层"面板中为"图层1"添加蒙版。选择工具箱中的"渐变填充工具"，选择"从前景色到背景色"渐变，然后在属性栏中单击"径向渐变"按钮，在图像中从右上角往中间拖动鼠标，黑色蒙版处的图像被遮住，仅显示柳树部分。

【素养提升】

　　婚纱照片是新人新生活的纪念，象征着希望、美好，婚纱照承载着新人喜悦的爱情记忆。蒙版和通道工具的应用根据具体照片的要求、风格、颜色模式等的不同，蒙版和通道会有不同的设置标准，素材的比例大小、特殊效果、颜色搭配、位置关系的处理和制作等也会有所不同，这就需要端正工作态度和恪守职业道德，对作品反复调整，精益求精、不断加强自己的操作能力，制作出优秀的作品。

第 7 章　广告设计中的梦幻光影制作——滤镜的使用

【本章导读】

知识基础	◇ "动感模糊"滤镜的使用
重点知识	◇ 滤镜库的使用
提高知识	◇ "渲染"滤镜的使用
	◇ "扭曲"滤镜的使用
	◇ "模糊"滤镜的使用
	◇ 熟练掌握基础知识并练习

Photoshop 滤镜的使用虽然简单,但是经常能得到一些很实用的效果,这些效果大都比较随意和虚幻,并且可调整性很强,稍微修改一下参数就可以得到另外的效果。在使用滤镜时,往往需要将多个滤镜组合使用,不过对于一幅完整的作品而言,滤镜的使用只是其中的一部分。在基础部分,我们没有对滤镜的实际使用做太多的介绍,一来是因为篇幅所限,二来是不希望大家在初学阶段就过多地使用滤镜,从而形成对滤镜的依赖。通过滤镜的运用,将读者的审美从简单的计算机软件操作扩展到图像设计中,跳出模式化、程序化的思维,达到发现美、创造美的阶段,最终具备一定的艺术创意和创新能力。本章将学习使用滤镜来制作绚丽的效果。

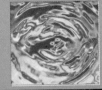

7.1 制作运动效果

扫码看视频

运动效果就是将静止的状态制作出运动的状态效果，使图片内容整体看上去仿佛在运动一样。本例制作的运动效果如图7-1所示。

图7-1 本例的运动效果

7.1.1 知识要点

在本例的制作中，首先对素材进行选取，然后为素材背景使用"动感模糊"滤镜，从而得到想要的效果。

7.1.2 实现步骤

1）启动Photoshop CC，按<Ctrl+O>组合键，打开配套资源中的素材/Cha7/运动素材.jpg文件，如图7-2所示。

2）选择"磁性套索工具"，对汽车绘制选区，如图7-3所示。

图7-2 素材文件

图7-3 创建选区

3）打开"图层"面板，按<Ctrl+J>组合键对选区所在的图层进行复制，如图7-4所示。

4）选择"背景"图层，在菜单栏中选择"滤镜"→"模糊"→"动感模糊"命令，弹出"动感模糊"对话框，将"角度"设置为17°，将"距离"设置为20像素，然后单击"确定"按钮，如图7-5所示。

5）在菜单栏中选择"文件"→"存储为"命令，弹出"另存为"对话框，设置正确的保存路径及格式，单击"保存"按钮，如图7-6所示。

图7-4　复制图层

图7-5　设置动感模糊

图7-6　"另存为"对话框

6）弹出提示对话框，单击"确定"按钮即可，如图7-7所示。

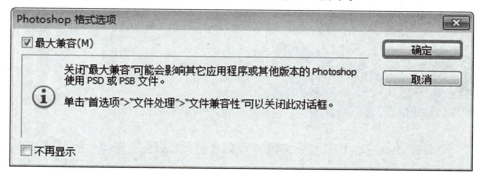
图7-7　提示对话框

7.1.3　知识解析

"动感模糊"滤镜可以沿指定的方向（-360°~360°），以指定的强度（1~999）模糊图像，产生的效果类似于以固定的曝光时间给一个移动的对象拍照，在表现对象的速度感时经常会用到。

7.1.4 自主练习——辐射冲击波特效

本练习将制作类似于爆炸效果的辐射冲击波光影效果，使用的主要命令包括"波纹""极坐标""风"等，制作完成后的效果如图7-8所示。

图7-8 辐射冲击波效果

1）启动Photoshop CC并新建一个文件，然后将前景色的颜色设置为黑色，将"背景"图层填充为黑色。

2）绘制一个正圆，将其"填充"设置为白色，将"描边"设置为无。

3）在"图层"面板中，将"椭圆1"图层拖至"创建新图层"按钮上，创建"椭圆1拷贝"图层。按<Ctrl+T>组合键，将复制的圆进行缩放，然后将其填充为黑色。

4）在"图层"面板中选中"椭圆1"和"椭圆1拷贝"，单击鼠标右键，在弹出的快捷菜单中选择"栅格化图层"命令，然后按<Ctrl+E>组合键，将其合并成一个图层。

5）在菜单栏中选择"滤镜"→"扭曲"→"波纹"命令，在弹出的"波纹"对话框中将"数量"设置为200%，将"大小"设置为"大"并单击"确定"按钮。

6）使用"滤镜"→"扭曲"→"极坐标"命令，在"极坐标"对话框中选择"极坐标到平面坐标"选项。

7）在菜单栏中选择"图像"→"图像旋转"→"90度（顺时针）"命令，然后选择"滤镜"→"风格化"→"风"命令，在弹出的"风"对话框中，将"方法"选择为"风"，将"方向"选择为"从左"，单击"确定"按钮。然后按<Ctrl+F>组合键，再次执行"风"滤镜。

8）选择"图像"→"图像旋转"→"90度（逆时针）"命令，然后选择"滤镜"→"扭曲"→"极坐标"命令，在弹出的"极坐标"对话框中选择"平面坐标到极坐标"选项。

9）对"椭圆1拷贝"图层复制两次，然后按<Ctrl+T>组合键调整图形的大小，将"椭圆1拷贝""椭圆1拷贝2"和"椭圆1拷贝3"图层合并。

10）打开"辐射冲击波素材.jpg"文件，将制作完成后的冲击波图形拖至打开的场景中。

11）调整图像大小，并选择"扭曲"命令，然后对图形进行调整，调整完成后使用"色相/饱和度"命令设置图像的色相及饱和度即可。

7.2 制作水效果

扫码看视频

水给人以清澈透亮的感觉。水的样子也是千奇百怪的，有垂流直下的，有细水长流的，有飞花四溅的。本例将主要讲解如何制作水的效果，如图7-9所示。

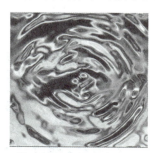

图7-9 本例制作的水效果

7.2.1 知识要点

本例将介绍水效果的制作。该例的制作比较简单，主要是在"云彩"的效果上为其添加"基底凸现"和"铬黄渐变"滤镜，然后调整它的颜色。

7.2.2 实现步骤

1）启动Photoshop CC软件，按<Ctrl+N>组合键打开"新建"对话框，将"名称"设置为"水效果"，将"宽度"和"高度"参数均设置为500像素，设置"分辨率"参数为72像素/英寸，设置完成后单击"确定"按钮，如图7-10所示。

2）确定工具箱中的前景色和背景色为默认颜色，选择菜单栏中的"滤镜"→"渲染"→"云彩"命令，为新建的文档添加"云彩"效果，如图7-11所示。

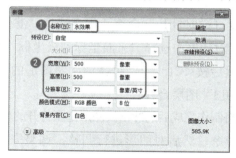

图7-10 新建文档

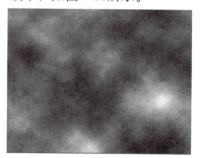

图7-11 添加"云彩"效果

3)在菜单栏中选择"滤镜"→"模糊"→"径向模糊"命令,在弹出的"径向模糊"对话框中,将"数量"值设置为45,选择"模糊方法"选项组中的"旋转"单选按钮,单击"确定"按钮,添加"径向模糊"效果,如图7-12所示。

4)在菜单栏中选择"滤镜"→"滤镜库"命令,在弹出的对话框中选择"素描"→"基底凸现"选项,将"细节"设置为12,将"平滑度"设置为2,如图7-13所示。

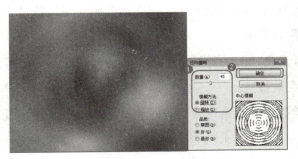
图7-12 添加"径向模糊"效果

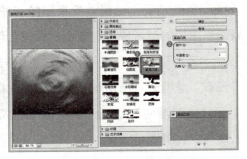
图7-13 设置"基底凸现"参数

5)单击对话框底端的"新建效果图层"按钮,选择"素描"→"铬黄渐变"选项,将"细节"设置为2,将"平滑度"设置为9,如图7-14所示。

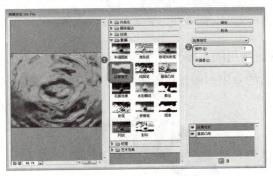
图7-14 设置"铬黄渐变"参数

6)单击"确定"按钮,按<Ctrl+B>组合键,打开"色彩平衡"对话框,选中"中间调"单选按钮,设置"色阶"为-27、10、100,如图7-15所示。

7)选择"色调平衡"选项组中的"高光"单选按钮,然后将"色阶"设置为-27、0、80,单击"确定"按钮,如图7-16所示。最后将场景文件进行保存。

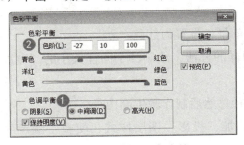
图7-15 设置"中间调"参数

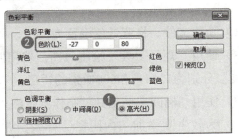
图7-16 设置"高光"参数

7.2.3 知识解析

"基底凸现"滤镜：变换图像，使之呈现浮雕的雕刻状，并突出光照下变化各异的表面。图像的暗区使用前景色，而浅色使用背景色。

"云彩"滤镜：使用介于前景色与背景色之间的随机值生成柔和的云彩图案。应用"云彩"滤镜时，当前图层上的图像数据会被替换。

"铬黄渐变"滤镜：将图像处理成类似擦亮的铬黄渐变表面效果。高光在反射表面上是高点，暗调是低点。

7.2.4 自主练习——制作救生圈

本例将制作救生圈，使用的主要工具及命令包括"矩形工具""椭圆选框工具""图层样式"等，制作完成后的效果如图7-17所示。

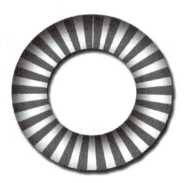

图7-17　救生圈效果

1）新建文件，将背景色设置为白色，将前景色设置为红色。

2）使用"矩形工具"绘制底图。使用同样的方法，绘制25个同样大小的"宽度"和"高度"分别为12像素和600像素的矩形。

3）使用"椭圆选框工具"制作救生圈外径，然后制作救生圈内径。

4）为救生圈添加"内阴影"样式，并添加"投影"图层样式，使救生圈产生立体效果。

7.3 制作油印字效果

扫码看视频

油印字呈浮雕状，形象逼真，能产生独特的艺术效果，主要应用于包装装潢、商标及贺卡、信封、信签等。本例实现的效果如图7-18所示。

图7-18 油印字效果

7.3.1 知识要点

油印字主要利用了"分层云彩"和"粗糙蜡笔"滤镜来制作。

7.3.2 实现步骤

1）按<Ctrl+N>组合键，弹出"新建"对话框，将"名称"设置为"油印字"，将"宽度"设置为17厘米，将"高度"设置为9厘米，将"分辨率"设置为300像素/英寸，如图7-19所示。

2）新建图层，在工具箱中选择"矩形选框工具"，在文档中绘制一个矩形选框，在属性栏中将"羽化"设置为0像素，如图7-20所示。

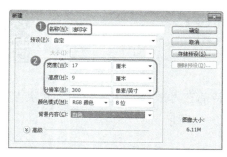 

图7-19　新建文档　　　　　　　　　图7-20　创建选区

3）在菜单栏选择"编辑"→"描边"命令，随即弹出"描边"对话框，将"宽度"设置为20像素，将"颜色"设置为黑色，将"位置"设置为"内部"，然后单击"确定"按钮，如图7-21所示。

4）按<Ctrl+D>组合键，在工具箱中选择"横排文字工具"，在场景中输入"LOVE"。选择输入的文字，将"字体"设置为"Iskoola Pota"，将"字体大小"设置为130点，为字体随便设置一种颜色，如图7-22所示。

5）按<Ctrl+E>组合键将文字图层向下合并，然后新建"图层2"，在菜单栏中选择"编辑"→"填充"命令，随即弹出"填充"对话框，将"使用"设置为"前景色"，"前景色"默认为黑色，如图7-23所示。

图7-21　设置"描边"参数　　　图7-22　输入文字并设置　　　图7-23　设置"填充"参数

6）在菜单栏选择"滤镜"→"渲染"→"分层云彩"命令，效果如图7-24所示。

7）使用与上一步相同的方法再次选择"分层云彩"命令，完成后的效果如图7-25所示。

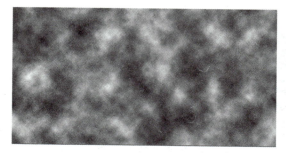 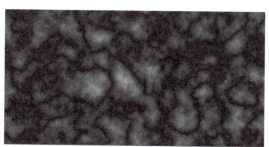

图7-24　首次添加"分层云彩"滤镜后的效果　　　图7-25　再次添加"分层云彩"滤镜后的效果

8）在菜单栏选择"滤镜"→"滤镜库"命令，在弹出的"滤镜库"对话框中选择"艺术效果"→"粗糙蜡笔"选项，将"描边长度"设置为16，将"描边细节"设置为6，将"纹理"设置为"砂岩"，将"缩放"设置为100%，将"凸现"设置为7，将"光照"设置为"下"，然后单击"确定"按钮，如图7-26所示。

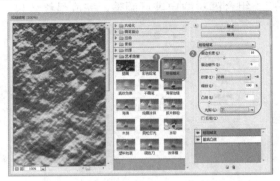

图7-26　设置"粗糙蜡笔"滤镜参数

9）单击"图层1"的缩览图，将图层载入选区，然后按<Shift+Ctrl+I>组合键进行反选，如图7-27所示。

10）在"图层"面板中选择"图层2"，然后按<Delete>键将选择的区域删除，按<Ctrl+D>组合键取消选区，完成后的效果如图7-28所示。

图7-27　反选选区

图7-28　取消选区后的效果

11）在菜单栏中选择"图像"→"调整"→"色阶"命令，随即弹出"色阶"对话框，分别将"色阶值"设置为34、4、120，然后单击"确定"按钮，如图7-29所示。设置"色阶"后的效果如图7-30所示。

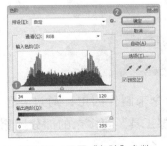

图7-29　设置"色阶"参数

图7-30　设置"色阶"后的效果

12）按<Ctrl+S>组合键，弹出"另存为"对话框，设置文件名为"油印字"，选择正确的路径后单击"保存"按钮，如图7-31所示。

13）打开配套资源中的素材/Cha07/油印字素材.jpg文件。

14）切换到"油印字"文件，选择"图层2"，然后将其拖动到"油印字素材.jpg"素材文件上，按<Ctrl+T>组合键对图像进行调整，完成最终效果。

图7-31　保存文档

7.3.3 知识解析

"分层云彩"滤镜：使用随机生成的介于前景色与背景色之间的值生成云彩图案。该滤镜将云彩数据和现有的像素混合，其方式与"差值"模式混合颜色的方式相同。第一次选取此滤镜时，图像的某些部分会被反相为云彩图案。应用此滤镜几次之后，则会创建出与大理石的纹理相似的图案效果。应用"分层云彩"滤镜时，当前图层上的图像数据会被替换。

"粗糙蜡笔"滤镜：使用该滤镜后，可以使图像看上去像是用彩色粉笔在带纹理的背景上描过边一样。在亮色区域，粉笔看上去很厚，几乎看不见纹理；在深色区域，粉笔似乎被擦去了，纹理可显露出来。

7.3.4 自主练习——制作闪电特效

本练习首先填充渐变，然后通过"分层云彩"命令来制作闪电，通过"色阶"和"色相/饱和度"命令来调整其颜色，最后使用"橡皮擦工具"将多余的部分擦除，制作完成后的效果如图7-32所示。

图7-32　闪电特效

1）打开配套资源中的素材/Cha07/闪电素材.jpg文件，新建"图层1"，使用"渐变工具"为其添加黑白渐变。

2）在菜单栏中选择"滤镜"→"渲染"→"分层云彩"命令，按<Ctrl+F>组合键继续执行"分层云彩"命令，得到闪电效果，然后按<Ctrl+I>组合键使图像反相。

3）按<Ctrl+L>组合键，打开"色阶"对话框，设置色阶参数，将"色阶"设置为180、1、255。

4）按<Ctrl+U>组合键，打开"色相/饱和度"对话框，设置"色相/饱和度"参数。将"色相"设置为236，将"饱和度"设置为66，将"明度"设置为0。

5）在"图层"面板中将"图层1"的混合模式设置为滤色。

6）使用"橡皮擦工具"将多余的闪电部分擦除，然后进行保存即可。

7.4　制作放射背景照片

扫码看视频

本例制作放射背景照片，使静态物体给人动态之感，使图形更加生动形象。本例完成的效果如图7-33所示。

图7-33　放射效果图

7.4.1 知识要点

本例主要使用了滤镜中的"径向模糊"滤镜。

7.4.2 实现步骤

1)按<Ctrl+O>组合键,打开配套资源中的素材/Cha07/放射背景素材.jpg文件,如图7-34所示。

图7-34 打开的素材文件

2)按<Ctrl+M>组合键,随即弹出"曲线"对话框,将"输出"设置为218,将"输入"设置为120,然后单击"确定"按钮,如图7-35所示。

3)在菜单栏选择"图像"→"调整"→"色阶"命令,随即弹出"色阶"对话框,在该对话框中单击"自动"按钮,然后单击"确定"按钮,如图7-36所示。

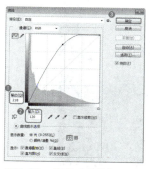

图7-35 设置"曲线"参数

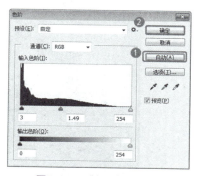

图7-36 "色阶"对话框

4）在工具箱中选择"磁性套索工具"，在文档中沿着汽车的轮廓绘制选区，如图7-37所示，在工具属性栏中将"羽化"设置为3像素。

5）按<Ctrl+J>组合键，将选择的选区复制到一个新的图层上，如图7-38所示。

图7-37　绘制选区

图7-38　复制图层

6）在"图层"面板中选择"背景"图层，然后在菜单栏中选择"滤镜"→"模糊"→"径向模糊"命令，随即弹出"径向模糊"对话框，将"数量"设置为40，将"模糊方法"设置为"缩放"，将"品质"设置为"好"，然后单击"确定"按钮，如图7-39所示。

7）添加"径向模糊"滤镜后的效果如图7-40所示。

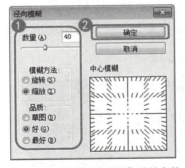
图7-39　设置"径向模糊"滤镜参数

图7-40　添加"径向模糊"滤镜后的效果

8）在"图层"面板中选择"图层1"，然后按<Ctrl+L>组合键，随即弹出"色阶"对话框，在该对话框中将"色阶"分别设置为0、100、237，如图7-41所示。

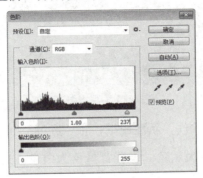
图7-41　设置"色阶"参数

9）单击"确定"按钮，完成放射背景照片的操作。此时完成最终效果的制作。

7.4.3 知识解析

"径向模糊"滤镜可以模拟缩放或旋转的相机所产生的模糊效果。该滤镜包含两种模糊方法:选择"旋转"单选按钮,然后指定旋转的"数量",可以沿同心网环线模糊;选择"缩放"单选按钮,然后指定缩放的"数量",则沿径向线模糊,图像会产生放射状的模糊效果。

7.4.4 自主练习——制作彩色光线效果

本练习首先对"背景"图层填充渐变,设置"画笔工具"后绘制线条并添加"动感模糊"滤镜,然后在"图层样式"对话框中设置"渐变叠加",对绘制完成的光线进行变形,最后使用"画笔工具"涂抹光点,完成后的效果如图7-42所示。

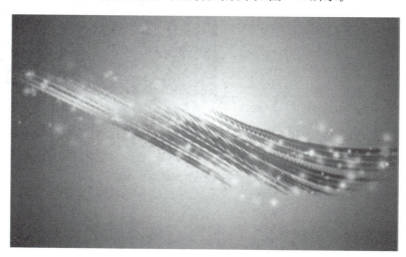

图7-42 彩色光线效果

1)启动Photoshop CC软件,新建图纸,将"宽度"和"高度"参数分别设置为500像素、300像素,设置前景色为黑色,设置背景色为白色。选择"渐变工具",在属性栏中选择"径向渐变",为"背景"图层填充径向渐变。

2)新建图层,使用"画笔工具"绘制形状。

3）在菜单栏中选择"滤镜"→"模糊"→"动感模糊"命令，设置"动感模糊"参数，然后添加"渐变叠加"图层样式。

4）对"图层1"进行多次复制，增强光彩图像效果。

5）除"背景"图层外，将其他图层合并，然后按<Ctrl+T>组合键进行变形处理。

6）参照前面的操作步骤多次复制图像图层，使图像色彩增强，然后将图层合并，将合并后的图层进行变形并对其进行旋转，调整效果。

7）新建图层，将前景色的R、G、B值分别设置为227、238、242，使用"画笔工具"在新建的图层上进行涂抹。

8）使用"橡皮擦工具"对图像进行适当擦除，最后将场景文件进行保存。

7.5　制作钻石水晶耀光特效

扫码看视频

本例将制作钻石水晶的耀光效果。该特效可使钻石晶莹剔透，耀眼夺目，更加吸引人们的眼球。制作完成后的效果如图7-43所示。

图7-43　钻石水晶耀光特效

7.5.1　知识要点

本例将制作类似钻石水晶的耀光效果，主要使用"极坐标""径向模糊""高斯模糊""镜头光晕"等滤镜。

7.5.2 实现步骤

1）启动Photoshop CC软件，按<Ctrl+N>组合键打开"新建"对话框，将"宽度"和"高度"参数均设置为300像素，设置"分辨率"参数为72像素/英寸，设置完成后单击"确定"按钮。前景色的颜色为黑色时，将"背景"图层填充为黑色。

2）新建一个图层，在工具箱中选择"椭圆选框工具"，在新建的图层中绘制图7-44所示的横向选区。

图7-44　绘制选区

3）将选区填充为白色，按<Ctrl+D>组合键取消选区，在菜单栏中选择"滤镜"→"扭曲"→"极坐标"命令，在弹出的"极坐标"对话框中选择"平面坐标到极坐标"单选按钮，然后单击"确定"按钮，如图7-45所示，为"图层1"添加"极坐标"效果。

图7-45　添加"极坐标"效果

4）在菜单栏中选择"滤镜"→"模糊"→"动感模糊"命令，在弹出的"动感模糊"对话框中将"角度"设置为32°，将"距离"设置为20像素，添加的"动感模糊"效果如图7-46所示。

5）新建"图层2"，使用"椭圆选框工具"在新建的图层中绘制横向选区，将选区填充为白色，如图7-47所示。

图7-46 添加的"径向模糊"效果

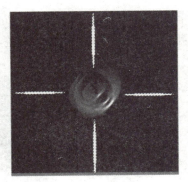
图7-47 绘制选区并填充

6)按<Ctrl+D>组合键取消选区,然后将"图层2"与"图层1"进行合并,并复制合并后的图层,如图7-48所示。

7)按<Ctrl+T>组合键,将"图层1拷贝"进行旋转并缩放,然后将其与"图层1"合并,效果如图7-49所示。

图7-48 复制图层

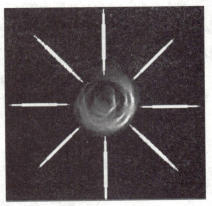
图7-49 合并图层后的效果

8)在菜单栏中选择"滤镜"→"模糊"→"高斯模糊"命令,在弹出的"高斯模糊"对话框中将"半径"设置为2像素,设置完成后单击"确定"按钮,为该图层添加"高斯模糊"效果,如图7-50所示。

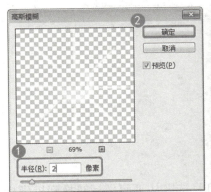
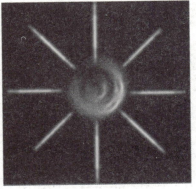
图7-50 设置"高斯模糊"参数及其效果

9）打开配套资源中的素材/Cha07/钻石水晶耀光素材.jpg文件，使用"移动工具"将制作完成后的图形拖至打开的背景中，调整其大小及位置，效果如图7-51所示。

图7-51 调整耀光大小及位置

10）按<Shift+Ctrl+E>组合键将图层进行合并。选择菜单栏中的"滤镜"→"渲染"→"镜头光晕"命令，在弹出的"镜头光晕"对话框中将"亮度"值设置为131%，选择"镜头类型"选项组中的"50-300 毫米变焦（Z）"单选按钮，同时将镜头中心移动到耀光图形中心，如图7-52所示。设置完成后单击"确定"按钮，即可完成最终效果。

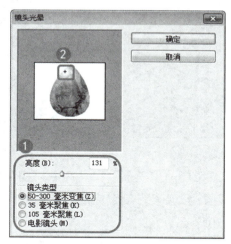

图7-52 设置"镜头光晕"参数

7.5.3 知识解析

"极坐标"滤镜：根据选中的选项，可将选区从平面坐标转换到极坐标，或将选区从极坐标转换到平面坐标。

"高斯模糊"滤镜：可添加低频细节，并产生一种朦胧的效果。

"镜头光晕"滤镜：模拟亮光照射到相机镜头所产生的折射。单击图像缩览图的任一位置或拖动其十字线，可以指定光晕中心的位置。

7.5.4 自主练习——制作炫酷光环效果

本例首先使用"椭圆选框工具"绘制圆形选区，填充白色后设置"收缩量"并填充为黑色。继续使用"椭圆选框工具"进行选取，然后删除选区中的内容，载入选区并填充渐变颜色。复制出更多图层并变形，然后填充选区并设置光环的"亮度/对比度"，最后使用"画笔工具"绘制亮光效果，完成后的效果如图7-53所示。

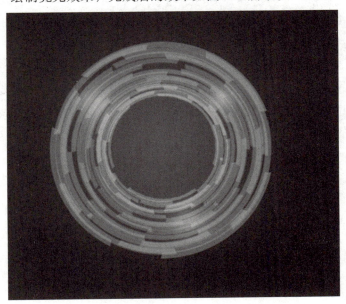

图7-53　炫酷光环效果

1）启动Photoshop CC软件，按<Ctrl+N>组合键新建一个"宽度"和"高度"参数分别为500像素、400像素的文档，将"背景"图层填充为黑色。

2）新建"图层1"，使用"椭圆选框工具"在"图层1"中绘制圆形选区，为选区填充白色。

3）选择"选择"→"修改"→"收缩"命令，在弹出的"收缩选区"对话框中将"收缩量"设置为8像素。

4）将收缩的选区填充为黑色，形成圆环。

5）删除部分环形区域，打开"通道"面板，按住<Ctrl>键单击RGB左侧的缩览图，将其载入选区。

6）使用"渐变工具"进行渐变填充并设置不透明度。

7）重复复制，使用"自由变换"命令进行缩放和旋转，然后调整位置，将"背景"图层外的所用图层合并。

8）在"背景"图层上创建新图层，使用"椭圆选框工具"创建选区并羽化。

9）选中最顶层的图层，调整"亮度/对比度"。

10）新建图层，使用"画笔工具"添加光亮。最后将场景文件进行保存。

【素养提升】

广告设计隶属于平面设计范畴，是设计课程知识结构中的一个分支。以研究平面图形造型及排列组合方法规律为宗旨，着力培养学生的平面造型运用和创造能力，以及对平面图形组合创意不同的视觉感受，逐步懂得应用点线面、基本形等元素结合平面构成的多种组合组织规律，灵活地进行各种设计表现创作。

我们不仅是完成作业，还是在掌握基本规律的基础上进行有意义的平面作品创新创作，因此重在培养学生的创作意识。创作与创新意识相通，简而言之是要有想法。对于平面作品来说，创作意识主要体现在灵活、合理地运用平面构成规律、形式美法则，进行具有独立审美意识的点线面元素、基本形和组合创意的作品处理。

第8章 平面广告设计中常用字体的表现

【本章导读】

重点知识
- 文字的创建
- 文字图层的应用
- 文字图层的图层样式表现手法
- 文字描边路径效果
- 栅格化文字图层
- "横排文字蒙版工具"的使用

本章介绍了运用Photoshop CC制作各种字体的方法，如巧克力文字、钢纹字、手写书法字、豆粒字等的制作方法。制作文字是平面广告设计中非常重要的环节，这些文字的表现将直接影响平面广告的整体效果。通过对字体的设计制作，更多了解这一中华民族的瑰宝，基于其表意特性，其实用性从未减弱，各行各业的品牌展示、活动宣传、产品推广，无不需要文字配合。

8.1 制作巧克力文字

扫码看视频

巧克力文字的制作大致分为两部分：首先是巧克力字部分，制作之前需要绘制出巧克力的方块图形，并定义为图案，用图层样式来控制浮雕效果；然后是底部的奶油效果，用设置好的笔刷描边路径来制作出底色，再用图层样式制作出浮雕效果即可。制作完成后的效果如图8-1所示。

图8-1 巧克力文字效果

8.1.1 知识要点

- 学习制作巧克力文字的方法。
- 了解"色相/饱和度"和"图层样式"的设置。

8.1.2 实现步骤

1）启动Photoshop CC软件，按＜Ctrl+N＞组合键弹出"新建"对话框，将"名称"设置为"巧克力文字"，将"宽度"和"高度"分别设置为443像素、603像素，将

"分辨率"设置为300像素/英寸，设置完成后单击"确定"按钮，如图8-2所示。

2）在菜单栏中选择"文件"→"置入"命令，弹出"置入"对话框，在该对话框中选择配套资源中的素材/Cha08/01.jpg，如图8-3所示。

3）单击"置入"按钮，然后按<Enter>键确认置入。确定该图层处于选择状态，在"图层"面板中单击"锁定全部"按钮，如图8-4所示。

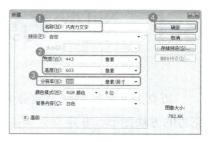

图8-2　新建文件

4）按<Ctrl+N>组合键，在弹出的对话框中将"宽度"和"高度"均设置为30像素，将"分辨率"设置为72像素/英寸。使用"缩放工具"将文档放大，使用"矩形选框工具"绘制矩形，在菜单栏中选择"编辑"→"描边"命令，将"宽度"设置为1像素，将"位置"设置为"内部"，将"颜色"的R、G、B值分别设置为136、136、136，设置完成后单击"确定"按钮，效果如图8-5所示。

图8-3　选择要置入的文件

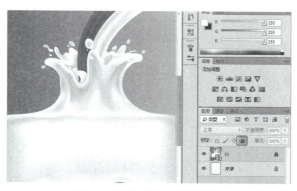

图8-4　单击"锁定全部"按钮

图8-5　添加描边后的效果

5）再次使用"矩形选框工具"在前面创建的描边的内部绘制一个矩形选框，在菜单栏中选择"编辑"→"描边"命令，将"宽度"设置为1像素，将"位置"设置为"内部"，将"颜色"的R、G、B值均设置为0,设置完成后单击"确定"按钮,如图8-6所示。

6)在菜单栏中选择"编辑"→"定义图案"命令,打开"图案名称"对话框,从中设置"名称"为WL01,设置完成后单击"确定"按钮,如图8-7所示。

图8-6 再次添加描边后的效果

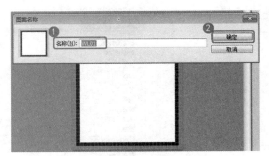

图8-7 定义图案

7)返回到"巧克力文字"文档中,使用"横排文字工具"在画布上输入"Milk",选择输入的文字,在"字符"面板中将字体设置为Harlow Solid Italic,将"字体大小"设置为36点,将"颜色"的R、G、B值分别设置为117、60、15,如图8-8所示。

8)对文字图层进行复制,在"图层"面板中的显示效果如图8-9所示。

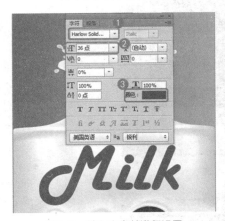

图8-8 输入文字并进行设置

图8-9 复制图层

9)将复制的图层移至文字的下方后右击,在弹出的快捷菜单中选择"栅格化文字"命令,如图8-10所示。

10)将栅格化后的图层命名为"阴影",并将该图层隐藏,如图8-11所示。

11)在"图层"面板中双击文字图层,弹出"图层样式"对话框,选择"投影"复选框,将"阴影颜色"的R、G、B值分别设置为64、39、19,将"距离""大小"均设置为5像素;选择"内阴影"复选框,将"阴影颜色"的R、G、B值分别设置为116、61、16,将"距离""大小"分别设置为0像素、13像素;选择"斜面和浮雕"复选框,将"大小"设置为20像素,选择"消除锯齿"复选框,将高光颜色的R、G、B值分别设置为

114、83、58,将阴影颜色的R、G、B值分别设置为152、101、59;选择"等高线"复选框,将"等高线"设置为"平缓斜面—凹槽";选择"纹理"复选框,将"纹理"设置为WL01,选择"反相"复选框;选择"颜色叠加"复选框,将"叠加颜色"的R、G、B值分别设置为103、61、38。设置完成后单击"确定"按钮,完成后的效果如图8-12所示。

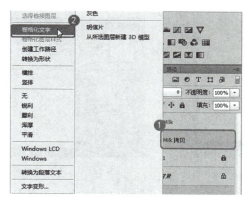

图8-10 选择"栅格化文字"命令

图8-11 命名图层并将其隐藏

图8-12 添加的图层样式及其效果

12）选择"画笔工具"，新建一个图层，按<F5>键打开"画笔"面板，将"画笔笔尖形状"的"大小"设置为20像素，将"间距"设置为50%，选择"形状动态"复选框，将"大小抖动""角度抖动"均设置为100%，如图8-13所示。

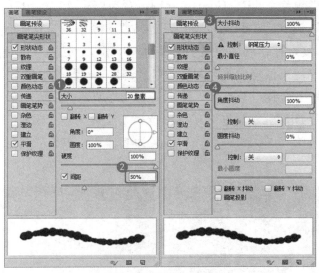

图8-13　设置画笔参数

13）打开"图层"面板，选择"Milk"图层，右击，在弹出的快捷菜单中选择"创建工作路径"命令，如图8-14所示。

14）将"前景色"设置为白色，确定当前图层为新建的图层，选择"钢笔工具"，在画布中右击，在弹出的快捷菜单中选择"描边路径"命令，弹出"描边路径"对话框，在该对话框中将"工具"设置为"画笔"，设置完成后单击"确定"按钮，然后在"图层"面板中调整图层的顺序，如图8-15所示。

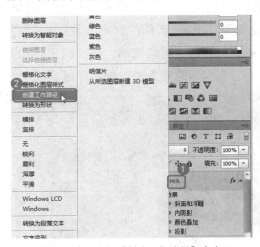

图8-14　选择"创建工作路径"命令

图8-15　创建描边并调整图层顺序后的效果

15）选择"图层1"，双击该图层打开"图层样式"对话框，在该对话框中选择"投影"复选框,将"阴影颜色"的R、G、B值分别设置为120、120、120,将"不透明度"设置为58%,将"距离""大小"分别设置为2像素、3像素;选择"斜面和浮雕"复选框,将"大小"设置为5像素,将"角度"设置为120°,将"光泽等高线"设置为"画圆步骤",将"阴影颜色"的R、G、B值分别设置为153、132、107;选择"等高线"复选框,将"等高线"设置为"画圆步骤",选择"消除锯齿"复选框,将"范围"设置为50;选择"纹理"复选框,将"图案"设置为"叶子";选择"颜色叠加"复选框,将"叠加颜色"的R、G、B值均设置为241、241、241。设置完成后单击"确定"按钮,添加的图层样式如图8-16所示。

16)将"阴影"图层显示,在菜单栏中选择"滤镜"→"模糊"→"动感模糊"命令,将"角度"设置为-30°,将"距离"设置为43像素,单击"确定"按钮,如图8-17所示。

图8-16　添加的图层样式

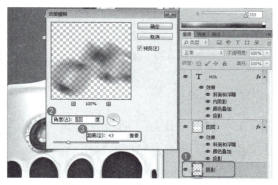

图8-17　设置"动感模糊"参数

17)将"阴影"图层的混合模式设置为"正片叠底",将"不透明度"设置为50%,然后在画布中移动其位置,如图8-18所示。

18)在工具箱中选择"画笔工具",按<F5>键打开"画笔"面板,选择"尖角25",将"大小"设置为20像素,将"间距"设置为180%。选择"散布"复选框,将"散步随机性"设置为1000,然后使用"画笔工具"在画布中随意拖动,将"图层1"的图层样式粘贴到"图层2"中,如图8-19所示。最后对完成后的场景进行保存即可。

图8-18　设置混合模式

图8-19　复制图层样式

8.1.3 自主练习——制作圆点排列文字

本练习将介绍如何制作圆点排列文字,其中主要使用了"通道"和"色彩半调",完成后的效果如图8-20所示。

1)创建Alpha通道,使用"横排文字蒙版工具"输入文字。

2)在菜单栏中选择"滤镜"→"像素化"→"色彩半调"命令,打开"色彩半调"对话框,在该对话框中将"最大半径"设置为5像素,单击"确定"按钮。

3)按住＜Ctrl＞键单击Alpha通道前面的缩览图,将其载入选区。打开"图层"面板,新建一个图层,按＜Shift+Ctrl+I＞组合键进行反选,将前景色设置为绿色,按＜Alt+Delete＞组合键进行填充。

图8-20 圆点排列文字

8.2 制作气球文字

扫码看视频

利用Photoshop可以制作各种文字特效,来美化自己的图片。这里向大家介绍一种实用的制作气球文字特效的方法,完成后的效果如图8-21所示。

Photoshop CC图像处理基础

图8-21　气球文字

8.2.1 知识要点

- 学习图层样式和描边路径的应用。
- 掌握制作气球文字的具体操作步骤，熟练应用图层样式。

8.2.2 实现步骤

1）启动Photoshop CC软件后按<Ctrl+N>组合键，在弹出的对话框中将"名称"设置为"气球文字"，将"宽度""高度"分别设置为3126像素、1916像素，将"分辨率"设置为300像素/英寸，设置完成后单击"确定"按钮，如图8-22所示。

2）在菜单栏中选择"文件"→"置入"命令，弹出"置入"对话框，在该对话框中选择配套资源中的素材/Cha08/03.jpg文件，单击"置入"按钮，然后调整图片的大小及位置。在工具箱中选择"横排文字工具"，在"字符"面板中选择"方正剪纸简体"，将字体大小设置为67.2点，将字体颜色设置为红色，输入文字"L"，按<Enter>键，然后按<Ctrl+T>组合键，对其进行自由变换，设置完成后按<Enter>键确认，如图8-23所示。

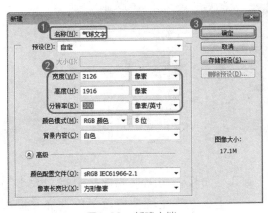

图8-22 新建文档

图8-23 输入文字并设置

3)打开"图层"面板,双击文字图层,打开"图层样式"对话框。选择"斜面和浮雕"复选框,在"结构"选项组中设置"样式"为浮雕效果,将"深度"设置为200%,将"大小"设置为76像素,将"软化"设置为16像素;在"阴影"选项组中设置"角度"为120°,将"高度"设置为43°,将高光模式的"不透明度"设置为56%,将阴影模式的"不透明度"设置为30%。参数设置如图8-24所示。

4)选择"描边"复选框,将"大小"设置为15像素,将"位置"设置为外部,将"颜色"设置为白色,如图8-25所示。

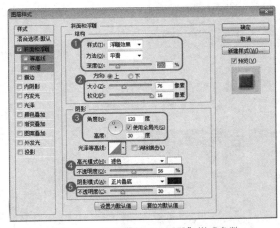

图8-24 设置"斜面和浮雕"样式参数

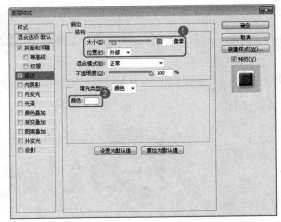

图8-25 设置"描边"样式参数

5)使用同样的方法输入其他文字,并对其进行相应的设置,完成后的效果如图8-26所示。

6)在"图层"面板中新建"图层1",在工具箱中选择"钢笔工具",在画布中绘制图形,如图8-27所示。

图8-26 文字设置完成后的效果　　　　　图8-27 绘制图形

7）选择"画笔工具"，按<F5>键打开"画笔"面板，在工具属性栏中将"大小"设置为5像素。然后选择"钢笔工具"，在画布中右击，在弹出的快捷菜单中选择"描边路径"命令，弹出"描边路径"对话框。在该对话框中将"工具"设置为画笔，单击"确定"按钮，然后按<Ctrl+Enter>组合键，再按<Ctrl+D>组合键取消选区，然后调整图层的位置，如图8-28所示。

图8-28 对文字描边

8）使用同样的方法绘制其他线条并对其进行设置，如图8-29所示。此时完成最终效果的制作。

图8-29 绘制其他线条并设置

8.2.3 自主练习——制作钢纹字

本练习制作钢纹字，通过"图层样式"来表现钢纹效果，完成后的效果如图8-30所示。

图8-30 钢纹字效果

1）创建文档，并复制图层，为其添加图层样式。设置渐变颜色，在画布中拖动鼠标填充渐变。

2）为图层设置"图案叠加"样式，将刚刚制作的图案定义为图案，将"缩放"设置为100%，添加描边效果。

3）输入文字，选择"拷贝图层样式"命令，然后在文字图层上右击，在弹出的快捷菜单中选择"粘贴图层样式"命令，并调整文字图层的图层样式参数。

8.3 制作手写书法字

扫码看视频

本例将介绍如何制作手写书法字，首先创建文字选区，然后将其羽化，添加"USM锐化"滤镜和"径向模糊"滤镜，完成后的效果如图8-31所示。

Photoshop CC图像处理基础

图8-31　手写书法字

8.3.1 知识要点

- 学习如何羽化选区，以及"USM锐化"和"径向模糊"滤镜的使用。
- 掌握手写书法文字的操作过程。

8.3.2 实现步骤

1）启动Photoshop CC软件后在菜单栏中选择"文件"→"打开"命令，弹出"打开"对话框，在该对话框中选择配套资源中的素材/Cha08/05.jpg文件，单击"打开"按钮，将素材文件打开。在工具箱中选择"横排文字工具"，在"字符"面板中将字体设置为"方正黄草简体"，将字体大小设置为400点，将字体颜色设置为黑色，在画布中输入文字，如图8-32所示。

2）在"图层"面板中选择两个文字图层，按<Ctrl+E>组合键拼合可见图层，按住<Ctrl>键单击文字图层的缩览图，将文字载入选区，按<Shift+F6>组合键打开"羽化选区"对话框，将"羽化半径"设置为14像素，设置完成后单击"确定"按钮，如图8-33所示。

图8-32 输入文字并设置　　　　　　　图8-33 设置羽化半径

知识链接

选区羽化是通过建立选区和选区周围像素之间的转换边界来模糊边缘的，这种模糊方式将丢失图像边缘的一些细节，但可以使选区边缘细化。

3）按<Shift+Ctrl+I>组合键进行反选，然后按<Delete>键将其删除，按<Ctrl+D>组合键取消选区，完成后的效果如图8-34所示。

4）确定文字图层处于选择状态，在菜单栏中选择"滤镜"→"锐化"→"USM锐化"命令，在弹出的对话框中将"数量""半径""阈值"分别设置为219%、4.7像素、130色阶，设置完成后单击"确定"按钮，如图8-35所示。

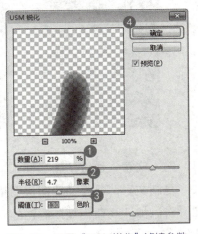

图8-34 此时的效果　　　　　　　图8-35 设置"USM锐化"滤镜参数

5）在菜单栏中选择"滤镜"→"模糊"→"径向模糊"命令，在弹出的对话框中将"数量"设置为3，将"模糊方法"设置为缩放，设置完成后将单击"确定"按钮，如图8-36所示。

6）至此，手写书法字就制作完成了，将制作的场景进行保存即可。

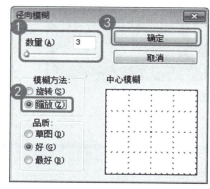

图8-36　设置"径向模糊"滤镜参数

8.3.3 自主练习——制作绿色立体文字

制作该练习的文字效果时，首先把文字图层复制多个，然后在文字图层上添加图层样式，最后移动文字的位置来制作立体效果，效果如图8-37所示。

图8-37　绿色立体文字效果

1）输入文字，通过"图层样式"创建文字立体效果。
2）复制文字，并将文字图层栅格化，将其作为阴影，为其添加"高斯模糊"滤镜。
3）将添加"高斯模糊"滤镜的对象向左移动，营造出立体阴影效果。

8.4 制作金色发光文字

扫码看视频

本例制作金色发光文字，效果如图8-38所示，其中主要应用了"斜面和浮雕""光泽""内阴影""渐变叠加"等图层样式。

图8-38 金色发光文字效果

8.4.1 知识要点

- 学习图层样式的应用。
- 了解"高斯模糊"滤镜的使用。
- 掌握金色发光文字的制作步骤，能对不同的文字应用该效果。

8.4.2 实现步骤

1）启动Photoshop CC软件后，按<Ctrl+O>组合键，在弹出的对话框中选择配套资源中的素材/Cha08/07.jpg文件，如图8-39所示。

2）单击"打开"按钮，将选中的素材文件打开，如图8-40所示。

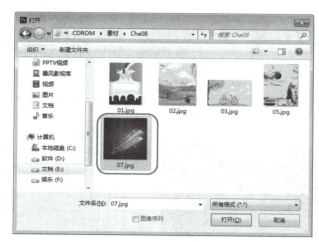

图8-39 选择素材文件　　　　　　　图8-40 素材文件

3）在工具箱中选择"横排文字工具"，在画布中输入文字"wave"，选择输入的文字，在"字符"面板中将字体设置为"Cooper Std"，将字体大小设置为204.55点，将字体颜色的R、G、B值分别设置为213、185、0，如图8-41所示。

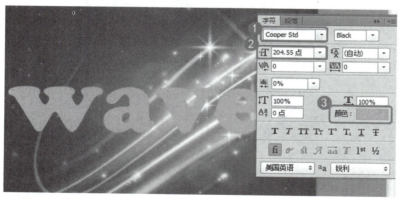

图8-41 输入文字并设置

4）双击该图层，弹出"图层样式"对话框，选择"斜面和浮雕"复选框，将"大小""软化"分别设置为9像素、3像素，将"光泽等高线"设置为"锯齿斜面—圆角"，单击"阴影模式"右侧的色块，将R、G、B值分别设置为213、185、0，如图8-42所示。

5）选择"内阴影"复选框，将"混合模式"设置为"叠加"，单击其右侧的色块，将R、G、B值分别设置为240、235、197，将"等高线"设置为"半圆"，如图8-43所示。

6）选择"光泽"复选框，将"混合模式"设置为"滤色"，单击其右侧的色块，将R、G、B值分别设置为245、202、45，将"不透明度"设置为50%，将"角度"设置为19°，将"等高线"设置为"内凹—深"，如图8-44所示。

第8章 平面广告设计中常用字体的表现

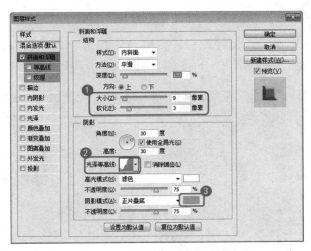

图8-42 设置"斜面和浮雕"样式参数

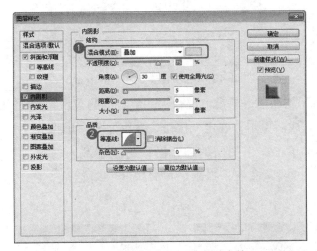

图8-43 设置"内阴影"样式参数

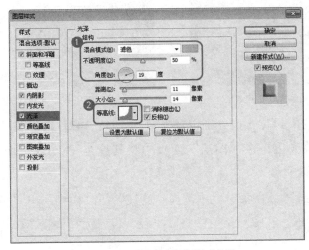

图8-44 设置"光泽"样式参数

7）选择"渐变叠加"复选框，将"混合模式"设置为"柔光"，单击"渐变"色条，在弹出的对话框中单击左侧的色标，将R、G、B值分别设置为149、46、47，单击"确定"按钮，返回到"图层样式"对话框，如图8-45所示。

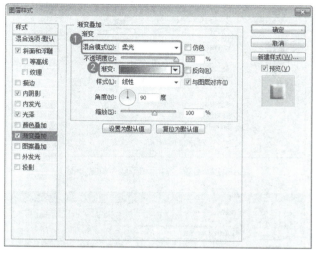

图8-45　设置"渐变叠加"样式参数

8）选择"投影"复选框，单击"混合模式"右侧的色块，将R、G、B值分别设置为146、133、5，设置完成后单击"确定"按钮，效果如图8-46所示。

9）按<Ctrl>键单击文字图层的缩览图，将文字载入选区，在菜单栏中选择"选择"→"修改"→"扩展"命令，弹出"扩展选区"对话框，将"扩展量"设置为8像素，如图8-47所示。

图8-46　设置图层样式后的效果

图8-47　设置选区扩展量

10）将前景色的R、G、B值分别设置为243、231、142，新建图层，按<Alt+Delete>组合键为选区填充该颜色，在"图层"面板中将其拖至"wave"图层的下方如图8-48所示。

11）选择"图层1"，在菜单栏中选择"滤镜"→"模糊"→"高斯模糊"命令，弹出"高斯模糊"对话框，在该对话框中将"半径"设置为15像素，单击"确定"按钮，即可为图层添加"高斯模糊"滤镜，如图8-49所示。

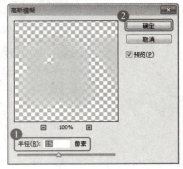

图8-48 新建图层并设置　　　　　图8-49 设置"高斯模糊"滤镜参数

12）新建"图层2",将前景色的R、G、B值分别设置为244、226、85,在工具箱中选择"画笔工具",打开"画笔预设"编辑器,选择"喷枪柔边缘300",将"大小"设置为60像素,然后在画布上多次单击,完成后的效果如图8-50所示。

13）根据前面所介绍的方法输入其他文字,此时完成最终效果。

图8-50 添加图层并设置后的效果

8.4.3 自主练习——制作玉雕文字

本练习将制作玉雕文字,效果如图8-51所示。

1）输入文字,应用"云彩"滤镜,使用"色彩范围"命令,填充深绿色,制作玉的纹理。

2）将文字载入选区,进行反选,将多余的部分删除,为文字填充玉纹理。

3）为文字添加图层样式,最后添加背景。

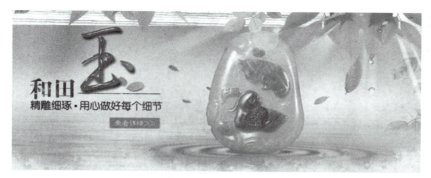

图8-51 玉雕文字

8.5 制作结冰文字

扫码看视频

本例将介绍结冰文字效果的制作,主要使用"晶格化""添加杂色""高斯模糊"和"风"滤镜来表现结冰效果,使用"画笔工具"制作冰的发光效果,本例的效果如图8-52所示。

图8-52 结冰文字效果

8.5.1 知识要点

■ 学习为文字添加"晶格化""添加杂色""高斯模糊""风"等滤镜,以及"画笔工具"的使用。

■ 了解栅格化图层的作用。

8.5.2 实现步骤

1）在Photoshop CC工作窗口中的空白处双击,在弹出的"打开"对话框中选择配套资源中的素材/Cha08/09.jpg文件,如图8-53所示。

图8-53　选择素材文件

2）单击"打开"按钮,即可将选中的素材文件打开,如图8-54所示。

图8-54　素材文件

2）在"图层"面板中新建"图层1",并为其填充白色,如图8-55所示。

3）在工具箱中选择"横排文字工具" ,在"字符"面板中将"字体系列"设置为方正胖娃简体,设置"字体大小"参数为100点,将"字符间距"设置为200,将"颜色"

设置为黑色，在场景中输入"冰凉一夏"，然后按<Enter>键确认输入，如图8-56所示，并会自动创建文字图层。

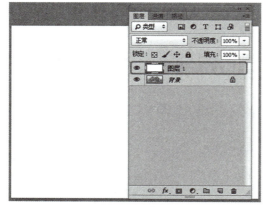

图8-55　新建图层并填充白色

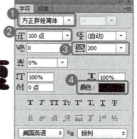

图8-56　输入文字并进行设置

4）在"图层"面板中的文字图层上右击，在弹出的快捷菜单中选择"栅格化文字"命令，如图8-57所示，将文字图层转换为普通图层。

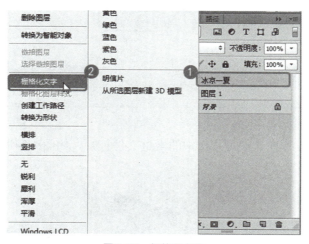

图8-57　栅格化文字

5）在"图层"面板中，按住<Ctrl>键单击普通文字图层的缩览图，载入选区，确认选中转换为普通图层后的文字图层，按<Ctrl+E>组合键向下合并图层，将带有文字的图层与"图层1"合并，如图8-58所示。

6）在菜单栏中选择"滤镜"→"杂色"→"添加杂色"命令，在打开的对话框中将"数量"设置为30%，选择"分布"选项组中的"高斯分布"单选按钮，选择"单色"复选框，设置完成后单击"确定"按钮，如图8-59所示。

7）选择"滤镜"→"模糊"→"高斯模糊"命令，在打开的对话框中将"半径"设置为1像素，设置完成后单击"确定"按钮，如图8-60所示。

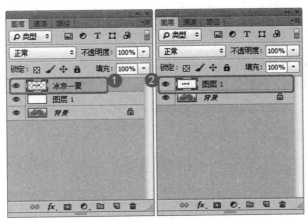

图8-58 合并图层

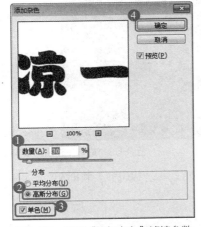

图8-59 设置"添加杂色"滤镜参数

图8-60 设置"高斯模糊"滤镜参数

8)按<Shift+Ctrl+I>组合键对选区进行反选,在菜单栏中选择"滤镜"→"像素化"→"晶格化"命令,在弹出的"晶格化"对话框中将"单元格大小"参数设置为10,设置完成后单击"确定"按钮,如图8-61所示。

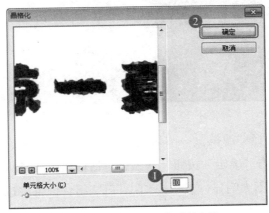

图8-61 设置"晶格化"滤镜参数

9）再次按<Shift+Ctrl+I>组合键对选区进行反选，在菜单栏中选择"图像"→"调整"→"曲线"命令，弹出"曲线"对话框，在曲线上单击添加锚点，将"输出"设置为145，将"输入"设置为115，如图8-62所示。

10）按<Ctrl+D>组合键取消选区，按<Ctrl+I>组合键对对象进行反相处理，效果如图8-63所示。

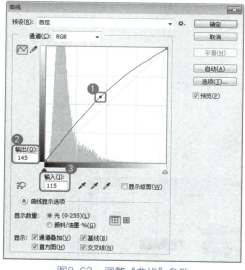

图8-62　调整"曲线"参数

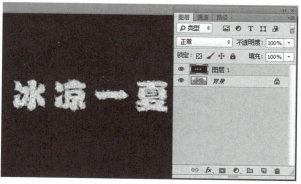

图8-63　进行反相后的效果

11）在菜单栏中选择"图像"→"图像旋转"→"90度（顺时针）"命令，将图像顺时针旋转90度，效果如图8-64所示。

图8-64　顺时针旋转90°的效果

12）在菜单栏中选择"滤镜"→"风格化"→"风"命令，在弹出的对话框中使用默认选项即可，然后单击"确定"按钮，"风"对话框如图8-65所示。

13）此时的风效果不太明显，然后按<Ctrl+F>组合键再次执行"风"命令，效果如图8-66所示。

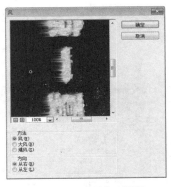
图8-65 "风"对话框

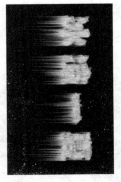
图8-66 再次执行"风"命令后的效果

14)在菜单栏中选择"图像"→"图像旋转"→"90度(逆时针)"命令,将图像逆时针旋转90度,效果如图8-67所示。

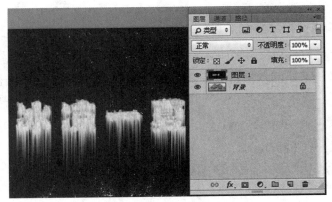
图8-67 逆时针旋转图像90°的效果

15)在菜单栏中选择"选择"→"色彩范围"命令,在弹出的"色彩范围"对话框中将"选择"设置为阴影,设置完成后单击"确定"按钮,如图8-68所示。

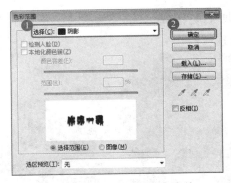
图8-68 设置"色彩范围"参数

16)按<Delete>键删除选区内容,按<Ctrl+D>组合键取消选区,效果如图8-69所示。

17)按<Ctrl+U>组合键打开"色相/饱和度"对话框,在该对话框中选择"着色"

复选框，然后将"色相""饱和度""明度"的参数设置为200、79、36，设置完成后单击"确定"按钮，如图8-70所示。

图8-69　删除选区内容后的效果

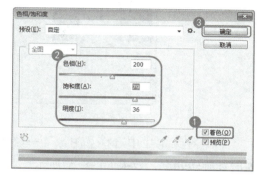

图8-70　设置"色相/饱和度"参数效果

18）在工具箱中选择"画笔工具"，选择一种十字星形画笔，将前景色设置为白色，然后在场景中单击，制作出结冰文字的发光效果，并将文字调整至合适的位置。

19）至此，结冰文字的效果就制作完成了，将制作完成后的场景进行保存即可。

8.5.3　自主练习——制作石刻文字

本练习通过为文字添加"斜面和浮雕"与"内阴影"图层样式制作出石刻文字的效果，制作完成后的效果如图8-71所示。

1）新建文档，并输入文字。

2）为输入的文字添加图层样式。

图8-71　石刻文字效果

8.6 制作豆粒字

扫码看视频

本例将介绍豆粒字效果的制作。该例主要是在文本路径的基础上添加描边路径，并通过多种不同的图层样式来表现的，制作完成后的效果如图8-72所示。

图8-72 豆粒字效果

8.6.1 知识要点

- 巩固"画笔工具"的使用。
- 掌握描边路径的方法。

8.6.2 实现步骤

1）打开配套资源中的素材/Cha08/011.jpg，如图8-73所示。

2）在工具箱中单击"横排文字工具"按钮，在场景中输入文本，在"字符"面板中将"字体系列"设置为"方正平和简体"，将"字体大小"设置为450点，将"字符间距"设置为200，将"颜色"的R、G、B值分别设置为130、49、53，如图8-74所示。

图8-73 打开的素材文件

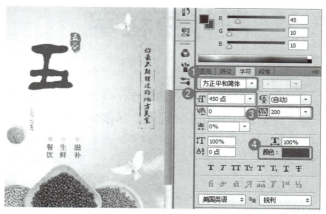
图8-74 输入文本并设置

3)使用相同的方法在场景中输入其他文字并设置,效果如图8-75所示。

4)在"图层"面板中选择4个文字图层,按<Ctrl+E>组合键将其进行合并,效果如图8-76所示。

图8-75 输入其他文字并设置后的效果

图8-76 合并图层后的效果

5)按住<Ctrl>键的同时单击合并图层的缩览图,将文字载入选区,如图8-77所示。

6)确定选区处于选择状态,在"图层"面板中将该图层进行隐藏,如图8-78所示。

图8-77 将文字载入选区

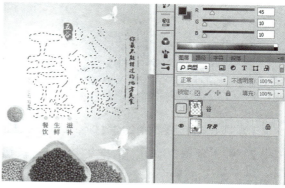
图8-78 隐藏文字图层

7）确定选区处于选择状态，单击"图层"面板上的"创建新图层"按钮，新建空白图层。打开"路径"面板，并单击其下方的"从选区生成工作路径"按钮，将选区转换为路径，如图8-79所示。

8）按<Ctrl+D>组合键取消选区，在工具箱中单击"画笔工具"按钮，在工具属性栏中将"不透明度"和"流量"参数都设置为100%，按<F5>键，在弹出的面板中选择"尖角30"，将"大小"参数设置为27像素，将"硬度"和"间距"参数分别设置为100%、150%，取消选择"形状动态"复选框，如图8-80所示。

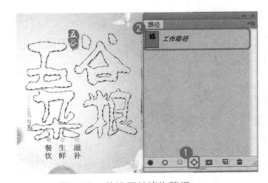
图8-79 将选区转换为路径

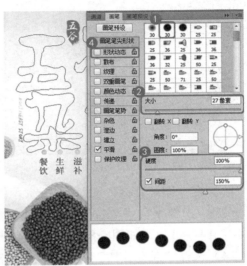
图8-80 设置画笔参数

9）在工具箱中单击"钢笔工具"按钮，在路径上右击，在弹出的快捷菜单中选择"描边路径"命令，如图8-81所示。

10）在弹出的"描边路径"对话框中，选择"画笔"选项，单击"确定"按钮，描边路径后的效果如图8-82所示。

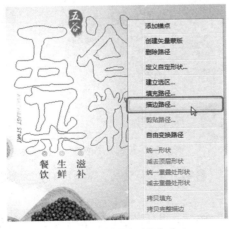
图8-81 选择"描边路径"命令

图8-82 描边路径后的效果

11)在"路径"面板中将路径拖至面板底端的"删除当前路径"按钮上,删除路径,如图8-83所示。

12)在"图层"面板中双击"图层1",在弹出的对话框中选择"斜面和浮雕"复选框,使用默认的参数即可,如图8-84所示。

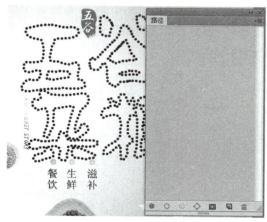

图8-83 删除路径

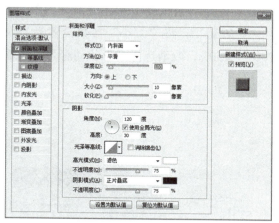

图8-84 选择"斜面和浮雕"复选框

13)在"图层样式"对话框中选择"描边"复选框,在"结构"选项组中将"大小"设置为2像素,将"位置"设置为"外部",将"颜色"的R、G、B值分别设置为184、144、144,如图8-85所示。

14)选择"渐变叠加"复选框,将"渐变"设置为"前景色到透明渐变",将渐变左侧色标的R、G、B的分别值设置为130、49、53,将"角度"参数设置为0°,如图8-86所示。

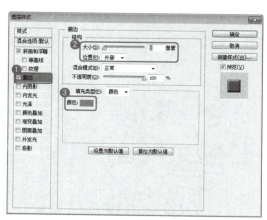

图8-85 设置"描边"样式参数

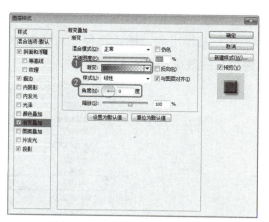

图8-86 设置"渐变叠加"样式参数

15)选择"投影"复选框,将"不透明度"参数设置为50%,将"角度"参数设置为120°,如图8-87所示。

16)在"图层样式"对话框中单击"确定"按钮,即可完成对豆粒文字的设置,效果如图8-88所示。

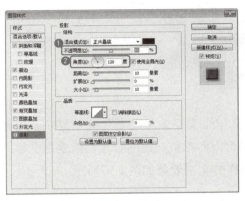
图8-87　设置"投影"样式参数

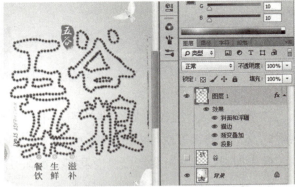
图8-88　设置"图层样式"后的效果

17）在菜单栏中选择"文件"→"置入"命令，在弹出的对话框中选择配套资源中的素材/Cha08/012.jpg文件，如图8-89所示。

18）单击"置入"按钮，按<Enter>键完成置入，将该图层调整至"图层1"的下方，如图8-90所示。

图8-89　选择素材文件　　　　　　　图8-90　调整图层顺序

19）按住<Ctrl>键在隐藏图层的缩览图上单击，将其载入选区，如图8-91所示。

20）在"图层"面板中将置入的图层进行栅格化，按<Shift+Ctrl+I>组合键将选区进行反选，按<Delete>键将选区中的内容删除，效果如图8-92所示，将制作完成后的场景进行保存即可。

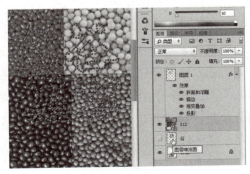
图8-91　显示文字图层并载入选区

图8-92　删除选区内容后的效果

8.6.3 自主练习——制作炫光字

本练习主要介绍较为梦幻的文字的制作方法，单个文字效果的制作并不复杂，用图层样式及一些滤镜等就可以做出来。不过文字的美化需要花费一定的心思，需要把文字的梦幻效果加强，这些需要自己慢慢发挥。本练习制作的文字效果如图8-93所示。

1）输入文字，为其添加图层样式。
2）对文字进行复制，并添加图层蒙版。
3）复制文字，并将其垂直翻转，调整文字的位置，栅格化文字图层，添加图层蒙版，使用"渐变工具"制作出文字的倒影效果。
4）利用"画笔工具"制作出星点效果。
5）添加"曲线"调整图层，并调整曲线参数。

图8-93　炫光字效果

【素养提升】

汉字是中华文明中不可缺少的一部分，它承载了我们几千年的历史，是从古至今人们进行沟通的重要手段。由汉字衍生出来的书法艺术，更是中华文明的瑰宝。汉字的出现，对后世也有着重要的影响。汉字是中华文化的精髓，更是中华民族的骄傲。汉字有着古老的历史，从最早的甲骨文，到如今处处可见的艺术体，经过了多个时代的演变过程。

汉字记载着中华民族的精神历史。当你用笔写出一个个生动的汉字时，一定会感叹它们的奇妙。每个字都是一幅流光溢彩的画面，也是一幅跳跃着欢快音符的乐章。它们还有悠久的历史，从甲骨文到金文再到隶书、楷书，哪一样不值得我们去感叹呢？

第9章 手机UI界面设计

【本章导读】

重点知识
- 社交APP登录界面
- 锁屏界面
- 手机来电界面

本章将介绍社交通信应用登录界面的设计思路及制作方法。在通信网络高速发展的今天，我们的生活进入了移动互联网时代，社交通信类软件在文字传输的基础上逐渐被事实语音所替代。

9.1 制作社交APP登录界面

本例讲解如何制作社交APP登录界面,效果如图9-1所示。

图9-1 社交APP登录界面效果

9.1.1 制作登录界面主体效果

扫码看视频

本小节制作社交APP登录界面的主体效果,主要使用了"圆角矩形工具"、图层样式等。

1)在菜单栏中选择"文件"→"打开"命令,打开配套资源中的素材/Cha09/社交APP登录界面.psd文件,如图9-2所示。

2)在"图层"面板中单击"创建新图层"按钮,新建"图层1",如图9-3所示。

3)在工具栏中单击"设置前景色"色块,并在打开的"拾色器(前景色)"对话框中设置前景色为"白色",单击"确定"按钮,关闭"拾色器(前景色)"对话框。在工具箱中选择"圆角矩形工具",然后在工具属性栏中设置"选择工具模式"为"像素",设置"半径"为10像素,然后绘制图9-4所示的白色圆角矩形。

图9-2 打开的素材

图9-3 新建一个图层

图9-4 设置并绘制白色圆角矩形

4)在"图层"面板中双击"图层1",在弹出的"图层样式"对话框中选择"描边"复选框,将"大小"设置为2像素,设置"位置"为"外部",单击"颜色"右侧的色块,并在打开的"拾色器(描边颜色)"对话框中将R、G、B的值分别设置为16、93、198,如图9-5所示。

5)选择"投影"复选框,单击"混合模式"右侧的"设置阴影颜色"色块,并在打开的"拾色器(投影颜色)"对话框中将R、G、B的值分别设置为11、91、159,单击

"确定"按钮,关闭对话框,如图9-6所示。

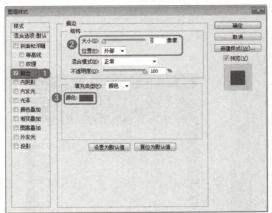
图9-5 设置"描边"样式参数

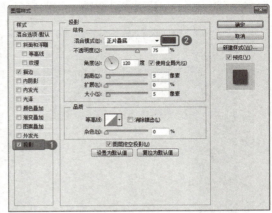
图9-6 设置"投影"样式参数

6)单击"确定"按钮,关闭对话框,完成后的效果如图9-7所示。

图9-7 登录界面主体效果

9.1.2 制作表单控件

扫码看视频

本小节制作APP登录界面中的表单控件。

1)新建"图层2",然后在工具箱中选择"圆角矩形工具",并将"选择工具模式"设置为"路径",将"半径"设置为"10像素",然后绘制图9-8所示的图形。

2)按<Ctrl+Enter>组合键,将路径转换为选区,如图9-9所示。

图9-8　绘制路径　　　　　　　　　　图9-9　将路径转换为选区

3)在工具箱中选择"渐变工具",然后在属性栏中单击"点按可编辑渐变"色块,并在打开的"渐变编辑器"对话框中双击左侧的色标,在打开的"拾色器(色标颜色)"对话框中将R、G、B的值分别设置为75、160、231,单击"确定"按钮。双击右侧的色标,在打开的"拾色器(色标颜色)"对话框中将R、G、B的值分别设置为16、90、153,单击"确定"按钮,为选区填充渐变,如图9-10所示。

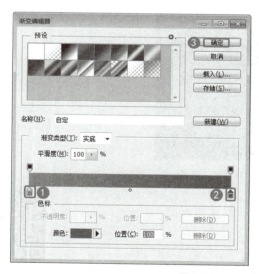

图9-10　设置渐变并填充

4)确定当前图层处于选择状态,然后在菜单栏中选择"选择"→"变换选区"命令,然后依照图9-11所示对处于编辑状态的选区进行调整。

图9-11 调整选区

> **提示**
>
> 在变换控制框中,将鼠标指针移动至控制框四周的8个控制点的其中一个控制点上,当指针呈现双箭头↔形状时,按住鼠标左键的同时拖动,可放大或缩小图像;将鼠标指针移动至控制框外,当指针呈现↻形状时,可对图像进行旋转。

5)调整完毕后,按<Enter>键确认,按<D>键恢复工具箱中前景色与背景色的默认设置,然后按<Ctrl+Delete>组合键将背景色指定给当前选区,按<Ctrl+D>组合键,取消选区,效果如图9-12所示。

6)按<Ctrl>键,在"图层"面板中单击"图层2"左侧的缩览图,如图9-13所示。

图9-12 填充并取消选区后的效果

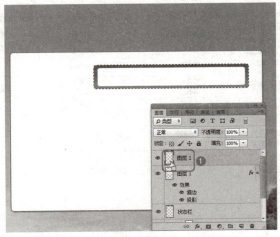

图9-13 单击"图层2"左侧的缩览图

7)新建"图层3",然后按<Ctrl+Delete>组合键,将当前选区填充为白色,效果如图9-14所示。

8）按<Ctrl+D>组合键取消选区，然后在"图层"面板中双击"图层3"，在打开的"图层样式"对话框中选择"描边"复选框，然后将"大小"设置为3像素，将"颜色"的R、G、B值均设置为192，如图9-15所示。

图9-14 新建图层并填充为白色

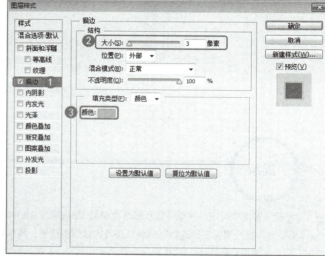

图9-15 设置"描边"样式参数

9）选择"内阴影"复选框，然后将"阴影颜色"的R、G、B值均设置为213，将"距离"设置为1像素，将"大小"设置为1像素，如图9-16所示。

10）最后单击"确定"按钮，完成设置图层样式，然后在"图层"面板中将其调整至图9-17所示的位置处。

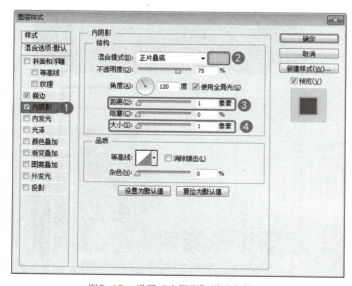

图9-16 设置"内阴影"样式参数

图9-17 在"图层"面板中调整位置

提示

使用"移动工具"选中对象时,每按一下<↑><↓><←><→>方向键,图像就会移动一个像素的距离;按住<Shift>键的同时按方向键,图像每次会移动10个像素的距离。

9.1.3 制作倒影效果

扫码看视频

本小节将介绍登录界面的倒影效果。

1)打开配套资源中的素材/Cha09/社交APP登录界面2.psd文件,然后将其拖至当前图像中,然后依照图9-18所示进行调整。

2)选择"图层1"与"登录控件"图层组之间的所有图层,并复制所选择的图层,然后将其进行合并,并将合并的图层重新命名为"倒影",然后对其进行调整,如图9-19所示。

图9-18 打开素材文件并调整

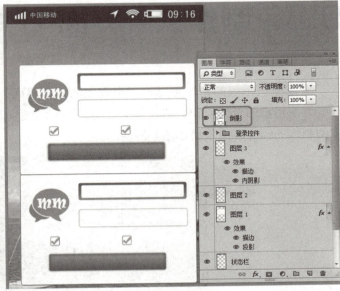

图9-19 调整后的"图层"面板及登录界面效果

3)按<Ctrl+T>组合键,打开变换控制框,然后右击,在弹出的快捷菜单中选择"垂直翻转"命令,如图9-20所示。

4）对当前图像进行垂直翻转，确定选中"倒影"图层，单击"添加矢量蒙版"按钮，为图层添加蒙版，单击"渐变工具"按钮，将颜色设置为黑白渐变，拖动鼠标制作图像的倒影效果，如图9-21所示。

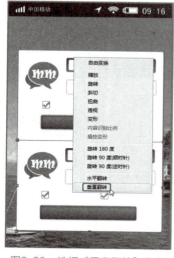

图9-20　选择"垂直翻转"命令

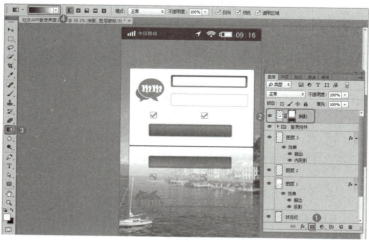

图9-21　制作倒影效果

5）打开配套资源中的素材/Cha09/社交APP登录界面3.psd文件，然后将其拖至当前图像中，完成最终效果的制作。

9.2　制作锁屏界面

安卓手机系统的用户可以设置个性化的锁屏界面。锁屏不仅可以避免一些误操作，还能方便用户的桌面操作，美化桌面环境。不同的锁屏画面会给用户带来不一样的心情，本例制作的锁屏界面效果如图9-22所示。

图9-22　锁屏界面效果

9.2.1 制作背景效果

扫码看视频

本小节将介绍安卓手机系统个性锁屏界面的背景效果的制作方法。

1）在菜单栏中选择"文件"→"打开"命令，打开配套资源中的素材/Cha09/锁屏界面素材.jpg文件，如图9-23所示。

2）在工具箱中选择"裁剪工具"，如图9-24所示。

图9-23　打开的素材文件

图9-24　选择"裁剪工具"

3）调出裁剪控制框，如图9-25所示。

图9-25　调出裁剪控制框

4）在工具属性栏中，在第一个下拉列表框中选择"比例"选项，设置裁剪控制框的长宽分别为1000、750，如图9-26所示。

图9-26 设置裁剪控制框的参数

5）设置完毕后，即可调整裁剪控制框的长宽比，将鼠标指针移至裁剪控制框内，单击的同时拖动图像到图9-27所示的位置。

图9-27 调整图像的位置

6）执行上述操作后，按<Enter>键确认，即可按固定的长宽比来裁剪图像，如图9-28所示。

图9-28 裁剪图像

7）在菜单栏中选择"图层"→"新建调整图层"→"亮度/对比度"命令，在弹出的"新建图层"对话框中保持默认设置，单击"确定"按钮，如图9-29所示。

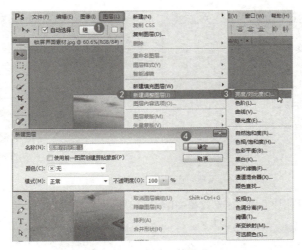

图9-29 新建调整图层

8）此时即可新建"亮度/对比度1"调整图层，展开"属性"面板，将"亮度"设置为18，将"对比度"设置为30，如图9-30所示。

图9-30 设置"亮度"和"对比度"参数

9）完成图像亮度及对比度设置后的效果如图9-31所示。

图9-31 设置亮度和对比度后的效果

10）新建"自然饱和度1"调整图层，在打开的"属性"面板中将"自然饱和度"设置为50，将"饱和度"设置为28，如图9-32所示。

图9-32　设置"自然饱和度"和"饱和度"参数

11）设置色彩饱和度后的图像效果如图9-33所示。

图9-33　设置色彩饱和度后的图像效果

12）在"图层"面板中，单击"创建新图层"按钮，新建"图层1"，如图9-34所示。

图9-34　新建图层

13）在工具箱中单击"设置前景色"色块，在打开的"拾色器（前景色）"对话框中将前景色的R、G、B值分别设置为1、23、51，设置完毕后单击"确定"按钮，如图9-35所示。

图9-35　设置前景色

14）按<Alt+Delete>组合键，填充前景色，如图9-36所示。

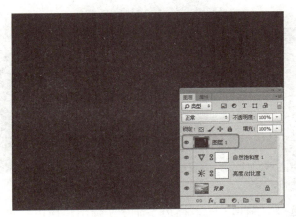

图9-36　填充前景色

15）在"图层"面板中，确定"图层1"处于选择状态，在"混合模式"下拉列表中选择"减去"模式，然后将"不透明度"设置为60%，如图9-37所示。

图9-37　设置参数及其效果

9.2.2 制作圆环效果

扫码看视频

本小节介绍如何使用"椭圆选框工具"、"描边"命令和"外发光"图层样式等设计安卓手机系统锁屏界面中的圆环效果。

1）在"图层"面板中，新建"图层2"，如图9-38所示。
2）选择工具箱中的"椭圆选框工具"，创建一个椭圆选区，如图9-39所示。

图9-38 新建图层

图9-39 创建椭圆选区

3）在菜单栏中选择"编辑"→"描边"命令，弹出"描边"对话框，设置"宽度"为2像素，"颜色"设置为白色，如图9-40所示。
4）单击"确定"按钮，即可描边选区，如图9-41所示。

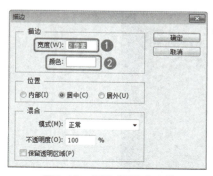

图9-40 设置"描边"参数

图9-41 描边选区

5）按<Ctrl+D>组合键取消选区，如图9-42所示。

6）双击"图层2"，弹出"图层样式"对话框，选择"外发光"复选框，设置"发光颜色"为白色，将"大小"设置为10像素，如图9-43所示。

图9-42　取消选区

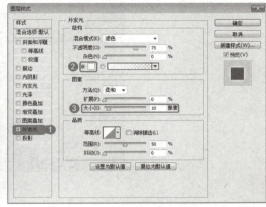

图9-43　设置"外发光"样式参数

7）单击"确定"按钮，应用"外发光"图层样式，效果如图9-44所示。

8）打开"锁屏素材1.psd"文件，将其拖至当前图像编辑窗口中的合适位置，为安卓手机系统锁屏界面添加状态栏插件，效果如图9-45所示。

图9-44　应用"外发光"样式的效果

图9-45　添加完成后的效果

9.2.3　完善细节效果

扫码看视频

本小节主要通过添加"外发光"图层样式、添加素材等操作完善安卓手机系统锁屏界面的细节效果。

1）打开"锁屏素材2.psd"文件，将其拖至当前图像编辑窗口中的合适位置，如图9-46所示。

2）双击"锁图标"图层，弹出"图层样式"对话框，选择"外发光"复选框，将"大小"设置为10像素，如图9-47所示。

图9-46　添加素材文件并调整位置

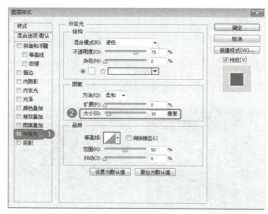

图9-47　设置"外发光"样式参数

3）单击"确定"按钮，应用"外发光"图层样式后的效果如图9-48所示。

图9-48　应用"外发光"图层样式后的效果

（4）打开"锁屏素材3.psd"文件，将其拖至当前图像编辑窗口中的合适位置，完成最终效果的制作。

9.3 制作手机来电界面

本例讲解如何制作手机来电界面，效果如图9-49所示。

图9-49　手机来电界面效果

9.3.1 添加参考线

扫码看视频

设计手机来电界面时，主要运用了参考线来定位手机中各个按钮的位置。其具体操作步骤如下。

1）在菜单栏中选择"文件"→"打开"命令，打开配套资源中的素材/Cha09/手机来电素材.jpg文件，如图9-50所示。

2）打开"图层"面板，单击"创建新图层"按钮，新建"图层1"，如图9-51所示。

3）在菜单栏中选择"视图"→"新建参考线"命令，弹出"新建参考线"对话框，选择"水平"单选按钮，设置"位置"为30，如图9-52所示。

4）单击"确定"按钮，新建一条水平参考线，如图9-53所示。

5）使用同样的方法，继续创建两条"位置"分别为36、42的水平参考线，如图9-54所示。

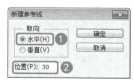

图9-50　打开的素材文件　　　图9-51　新建图层　　　图9-52　新建水平参考线

图9-53　新建的水平参考线　　　　图9-54　继续创建水平参考线

6）在菜单栏中选择"视图"→"新建参考线"命令，弹出"新建参考线"对话框，选择"垂直"单选按钮，设置"位置"为12.5，如图9-55所示。

7）单击"确定"按钮，即可新建一条垂直参考线。

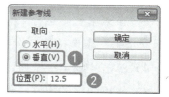

图9-55　新建垂直参考线

9.3.2 制作主体效果

扫码看视频

本小节主要运用"单行选框工具"、"单列选框工具"、"扩展"命令、"魔棒工具"等来设计手机来电界面的主体效果。

1)选择工具箱中的"矩形选框工具",沿参考线绘制一个矩形选区,如图9-56所示。单击"设置前景色"色块,在弹出的"拾色器(前景色)"对话框中设置前景色的R、G、B值分别为206、227、239,如图9-57所示。

图9-56 绘制矩形选区

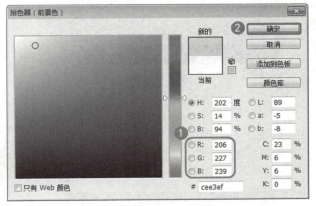

图9-57 设置前景色

2)按<Alt+Delete>组合键,为"图层1"填充前景色,如图9-58所示。

3)按<Ctrl+D>组合键取消选区,如图9-59所示。

4)选择工具箱中的"单行选框工具",沿参考线创建一个水平单行选区,如图9-60所示。

5)选择工具箱中的"单列选框工具",单击工具属性栏中的"添加到选区"按钮,沿中间的垂直参考线创建一个垂直单列选区,如图9-61所示。

6)在菜单栏中选择"选择"→"修改"→"扩展"命令,弹出"扩展选区"对话框,设置"扩展量"为3像素,如图9-62所示。

7）单击"确定"按钮，即可扩展选区大小，如图9-63所示。

8）按<Delete>键删除选区内的图像，按<Ctrl+D>组合键取消选区，如图9-64所示。

9）在菜单栏中选择"视图"→"清除参考线"命令，清除参考线，如图9-65所示。

10）选择工具箱中的"魔棒工具"，在图像编辑窗口中左下角的矩形块上创建一个选区，如图9-66所示。

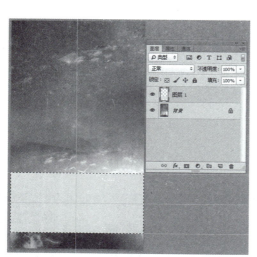

图9-58　填充前景色

图9-59　取消选区

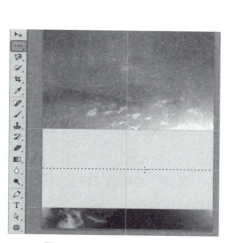

图9-60　创建水平单行选区

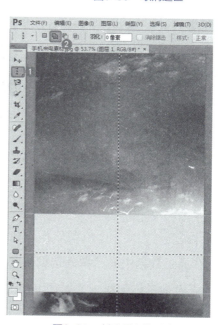

图9-61　创建垂直单列选区

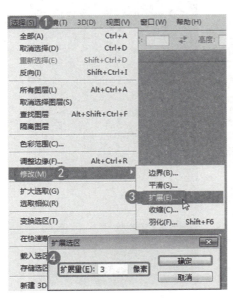
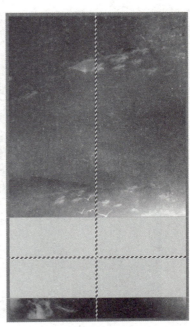

图9-62 设置扩展量　　　　图9-63 扩展选区后的效果

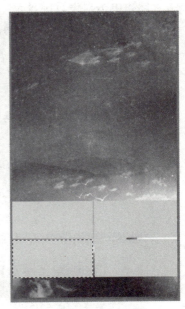

图9-64 删除图像后的效果　　图9-65 清除参考线　　图9-66 创建选区

11）设置前景色为红色，设置R、G、B的值分别为205、66、58，按<Alt+Delete>组合键为选区填充前景色，如图9-67所示，然后取消选区。

12）选择工具箱中的"魔棒工具"，在图像编辑窗口中右下角的矩形块上创建一个选区，如图9-68所示。

图9-67 填充前景色

图9-68 创建选区

13）单击"设置前景色"色块，在弹出的"拾色器（前景色）"对话框中，设置前景色为绿色，其R、G、B值为82、218、105，单击"确定"按钮，如图9-69所示。

14）按<Alt+Delete>组合键，为选区填充前景色，并取消选区，如图9-70所示。

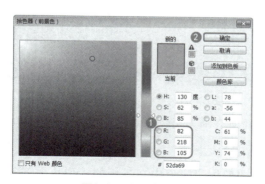
图9-69 设置前景色

图9-70 填充颜色并取消选区

9.3.3 制作文字效果

扫码看视频

本小节主要运用"横排文字工具""字符"面板等来设计手机来电的文字效果。

1）打开配套资源中的素材/Cha09/手机来电界面1.psd文件，将其拖至当前图像编辑窗口中的合适位置，如图9-71所示。

2）打开配套资源中的素材/Cha09/手机来电界面2.psd文件，将其拖至当前图像编辑窗口中的合适位置，如图9-72所示。

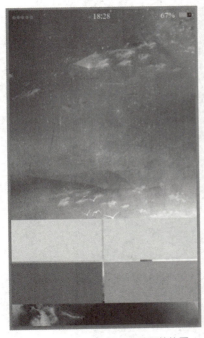

图9-71 打开素材文件并调整位置

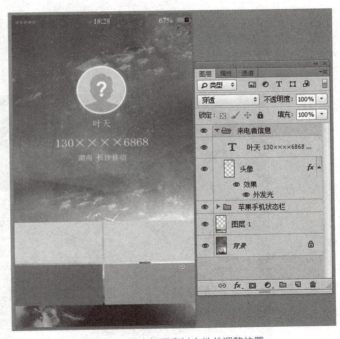

图9-72 再次打开素材文件并调整位置

3）选择工具箱中的"横排文字工具"，确定插入点，在"字符"面板中设置"字体系列"为"微软雅黑"，将"字体大小"设置为40点，将"颜色"设置为红色，其R、G、B值分别为251、21、22，输入相应的文字，如图9-73所示。

4）选择工具箱中的"横排文字工具"，确定插入点，在"字符"面板中设置"字体系列"为"微软雅黑"，将"字体大小"设置为60点，输入相应的文字，如图9-74所示。此时完成了最终效果的制作。

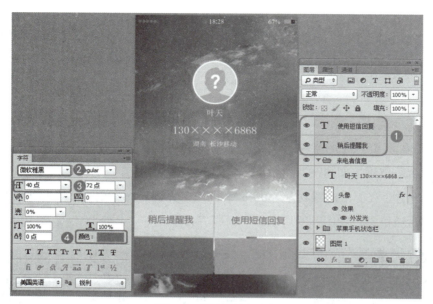

图9-73 设置并输入文字

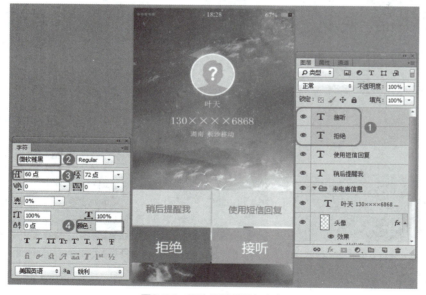

图9-74 再次设置并输入文字

第10章　网店的制作

【本章导读】

重点知识
- 护肤品网店的制作
- 女包网店的制作

淘宝网店指的是所有淘宝卖家在淘宝所使用的店铺。淘宝旺铺是相对普通店铺而诞生的，每个淘宝新开店铺都使用系统默认产生的店铺界面，就是常说的普通店铺。在网店的设计和制作时，还需要了解和遵守相关法律法规。

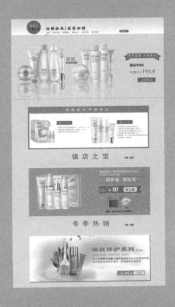

10.1 护肤品网店的制作

护肤品是热门商品,也是人们生活中必不可少的。无论是淘宝、天猫,还是当当、京东,护肤品网店都是女士们热搜的。本节将介绍护肤品网店的制作,效果如图10-1所示。

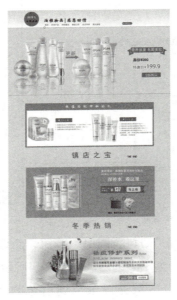

图10-1 护肤品网店效果

10.1.1 制作店招和导航

扫码看视频

店招是网店的招牌,若要使自己的店铺在网站中脱颖而出,店招需要具备新颖、易于传播、便于记忆等特点。导航条是网店装修设计中不可缺少的部分,它通过一定的技术手段,为网店访问者提供一定的途径,使其可以很方便地访问所需的内容。导航条是顾客浏览店铺时从一个页面转到另一个页面的快速通道。

1)在菜单栏中选择"文件"→"新建"命令,在弹出的"新建"对话框中将"名称"设置为"护肤品网店设计",将"宽度"设置为1440像素,将"高度"设置为2608像素,将"分辨率"设置为300像素/英寸,将"颜色模式"设置为RGB 颜色、8位,将"背景内容"设置为白色,如图10-2所示。完成设置后单击"确定"按钮,新建一个空白文件。

2）在工具箱中单击"设置前景色"色块，在打开的"拾色器（前景色）"对话框中设置前景色的R、G、B值分别为255、221、255，按<Alt+Delete>组合键，为新建的文件填充前景色，完成后的效果如图10-3所示。

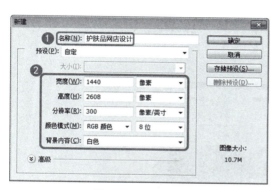

图10-2　新建文件　　　　　　　　　图10-3　填充前景色后的效果

3）在"图层"面板中单击"创建新图层"按钮，新建"图层1"，然后在工具箱中选择"矩形选框工具"，创建一个矩形选区，如图10-4所示。

4）使用"渐变工具"为选区填充前景色到白色的线性渐变，然后取消选区，如图10-5所示。

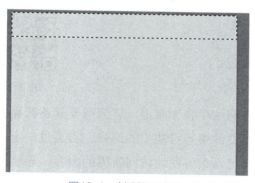

图10-4　创建矩形选区　　　　　　　图10-5　填充线性渐变后的效果

5）打开Logo素材图像，在工具箱中选择"移动工具"，然后将素材图像拖至图像编辑窗口中的合适位置，如图10-6所示。

6）选择工具箱中的"直线工具"，在工具属性栏中将"填充"的R、G、B值分别设置为195、54、93，将"描边"设置为无，将"粗细"设置为5点，然后在图像中依照图10-7所示绘制一条直线。

图10-6 打开素材图像并调整位置后的效果

图10-7 设置直线参数并绘制

7)在"图层"面板中确定当前图层处于选择状态,右击,在弹出的快捷菜单中选择"栅格化图层"命令,在工具箱中选择"椭圆选框工具",然后在直线上创建一个椭圆形选区,按<Delete>键删除选区内的图像,如图10-8所示。

图10-8 绘制椭圆形选区并删除选区中图像后的效果

8)单击"创建新图层"按钮,新建"图层2",在菜单栏中选择"编辑"→"描边"命令,为选区添加描边,在弹出的"描边"对话框中设置"宽度"为"2像素",将"颜色"的R、G、B值分别设置为241、46、114,然后取消选区,效果如图10-9所示。

9)打开"按钮.psd"素材图像,在工具箱中选择"移动工具",然后将素材图像拖至图像编辑窗口中的合适位置,完成后的效果如图10-10所示。

图10-9　设置描边参数并描边选区

图10-10　打开素材图像并调整位置后的效果

10.1.2 制作首页欢迎模块

扫码看视频

欢迎模块使用商品图像与文字组合的方式进行表现,两者各占据画面的二分之一,形成自然的对称效果,平衡了画面的信息表现力。

1)打开"商品图片1.psd"素材文件,将文件拖至场景文件中,调整位置,效果如图10-11所示。

图10-11　打开素材文件并调整位置

2)使用"钢笔工具"绘制箭头,按<Ctrl+Enter>组合键将其转换为选区,将前景色的R、G、B值分别设置为255、112、147，按<Alt+Delete>组合键填充前景色，效果如图10-12所示。

图10-12　绘制箭头并填充颜色

3）使用"横排文字工具"输入文字，在"字符"面板中将"字体"设置为"经典黑体简"，将"字体大小"设置为11点，将"颜色"的R、G、B值分别设置为255、112、147，如图10-13所示。

图10-13　输入文字并设置

4）选择导入的"商品图片1.psd"素材文件，对图层进行复制，按<Ctrl+T>组合键，右击，在弹出的快捷菜单中选择"垂直翻转"命令，调整对象的位置，效果如图10-14所示。调整完成后按<Enter>键确认。

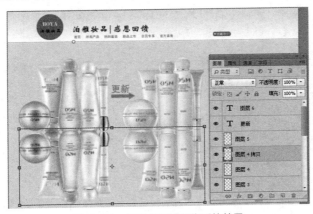

图10-14　复制并翻转图像后的效果

5）确认复制后的图层处于选中状态，单击"添加图层蒙版"按钮，选择"渐变工具"，设置从黑色到白色的渐变，拖动鼠标制作倒影效果，如图10-15所示。

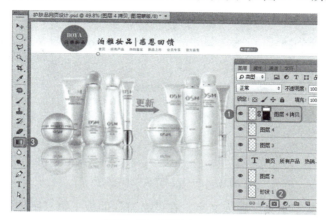

图10-15　制作倒影效果

6）选择工具箱中的"直线工具"，在工具属性栏中将"填充"的R、G、B值分别设置为195、54、93，将"描边"设置为无，设置"粗细"为5点，然后在图像中依照图10-16所示绘制一条直线，如图10-16所示。右击直线所在的图层，在弹出的快捷菜单中选择"栅格化图层"命令。

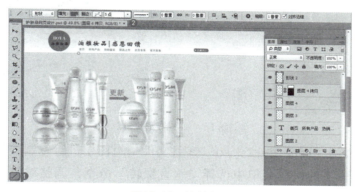

图10-16　绘制直线

7）打开"标价.psd"素材文件，将文件拖至场景文件中，调整位置，效果如图10-17所示。

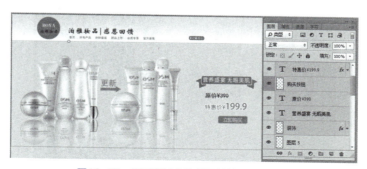

图10-17　打开素材文件并调整位置后的效果

10.1.3 制作促销区域

扫码看视频

促销区域使用大小相同的矩形对画面进行分割,并且能够完整地表现每个促销方案的特点。

1)运用"矩形工具"在欢迎模块下方绘制一个粉红色(R、G、B值分别为255、112、147)的矩形,如图10-18所示。

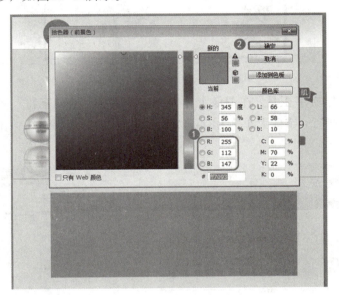

图10-18　绘制粉红色矩形

2)用同样的方法绘制一个白色的矩形,并适当调整其位置,如图10-19所示。

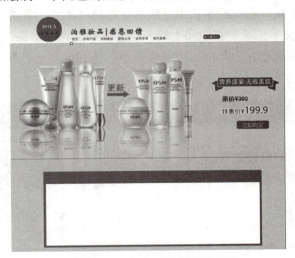

图10-19　绘制白色矩形并调整位置

3）打开"商品图片2.psd"素材文件，运用"移动工具"将素材图像拖至图像编辑窗口中的合适位置，如图10-20所示。

图10-20 打开素材文件并调整位置

4）使用"横排文字工具"在图像上输入相应的文字，在"字符"面板中设置"字体系列"为"华文行楷"，"字体大小"为8点，"字距间距"为144，"颜色"为白色，如图10-21所示。

图10-21 输入相应文字并设置

5）运用"矩形工具"在欢迎模块下方绘制粉红色（R、G、B值分别为250、14、76）的矩形。运用"横排文字工具"在图像上输入相应文字，在"字符"面板中设置"字体系列"为"黑体"，"字体大小"为4点，"字符间距"为120，"颜色"为白色，单击"仿粗体"按钮，如图10-22所示。

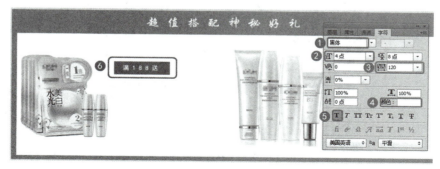

图10-22 绘制矩形并输入及设置文字

6）打开"文字1.psd"素材文件，将素材调整至场景合适的位置，效果如图10-23所示。

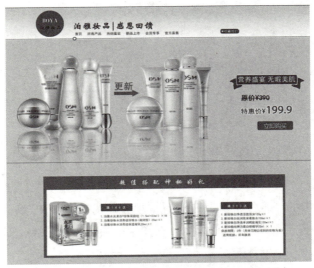

图10-23　打开素材文件并调整位置

10.1.4 制作商品展示区

扫码看视频

商品展示区也使用商品图片与文字结合的方式进行表现。

1）使用"横排文本工具"输入文本，在"字符"面板中将"字体系列"设置为"黑体"，将"字体大小"设置为15点，将"字符间距"设置为120，将"颜色"的R、G、B值分别设置为211、76、109，单击"仿粗体"按钮，如图10-24所示。

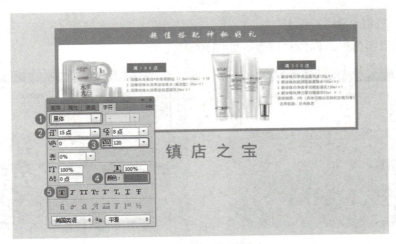

图10-24　输入并设置文本

2）继续输入文本，在"字符"面板中将"字体"设置为"黑体"，将"字体大小"设置为6点，将"字符间距"设置为0，将"颜色"设置为黑色，如图10-25所示。

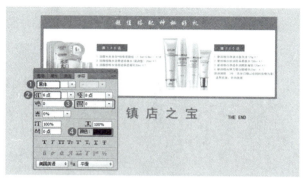

图10-25　继续输入并设置文本

3）选择工具箱中的"直线工具"，设置"填充"为灰色（R、G、B值均为215），将"描边"设置为无，将"粗细"设置为3点，在图像中绘制一条直线，如图10-26所示。

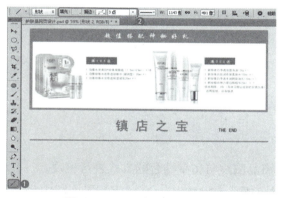

图10-26　设置直线参数并绘制

4）复制"矩形1"图层，得到"矩形1拷贝"图层，修改颜色的R、G、B值分别为85、191、255，适当调整其大小和位置，如图10-27所示。

5）打开"商品图片3.psd"与"文字2.psd"素材文件，使用"移动工具"将素材文件拖至图像编辑窗口中，调整其位置，如图10-28所示。

图10-27　复制图层并调整

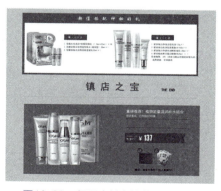

图10-28　打开素材文件并调整位置

6）运用"横排文字工具"在图像上输入相应文字，在"字符"面板中将"字体系列"设置为"华文中宋"，将"字体大小"设置为10点，将"字符间距"设置为0，将"颜色"设置为白色，单击"仿粗体"按钮，如图10-29所示。

7）设置前景色为淡黄色（R、G、B值分别为255、232、126），使用"圆角矩形工具"绘制一个半径为10像素的圆角矩形，使用"横排文字工具"在图像上输入相应文字，在"字符"面板中设置"字体系列"为"黑体"，"字体大小"为6点，"字符间距"为200，"颜色"为红色（R、G、B值分别为177、3、11），效果如图10-30所示。

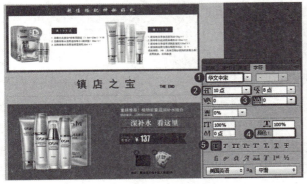

图10-29　输入文字并设置

图10-30　输入文字并设置后的效果

10.1.5 制作商品热销区

扫码看视频

本小节将讲解如何制作商品热销区，具体操作步骤如下。

1）创建"标题栏"图层组，将前面制作的标题栏的相关图层移动到其中，并复制该图层组，将复制后的图像移动至合适位置，使用"横排文字工具"修改相应的文字内容，如图10-31所示。

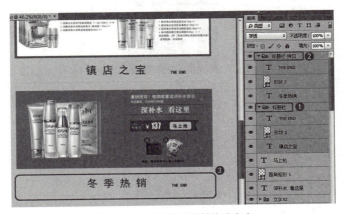

图10-31　复制图层组并修改文本

2）打开"背景.psd"与"按钮2.psd"素材文件，使用"移动工具"将素材图像拖至图像编辑窗口中的合适位置，如图10-32所示。

3）输入图10-33所示的文字，并设置文字的颜色，这里分别设置为浅灰色（R、G、B值分别为133、134、134）、深蓝色（R、G、B值分别为24、108、185）、深绿色（R、G、B值分别为76、146、51）。

图10-32　打开素材文件并调整位置

图10-33　输入文字并设置颜色

4）至此，护肤品网店就制作完成了。

10.2　女包网店的制作

本例将讲解如何制作女包网店，最终效果如图10-34所示。

图10-34　女包网店效果

10.2.1 制作商品热销区

扫码看视频

本小节介绍如何制作商品热销区，具体操作步骤如下。

1）选择"文件"→"新建"命令，弹出"新建"对话框，设置"名称"为"女包网店的制作"，"宽度"为1440像素，"高度"为3200像素，"分辨率"为300像素/英寸，"颜色模式"为RGB颜色、8位，"背景内容"为白色，单击"确定"按钮，新建文档，如图10-35所示。

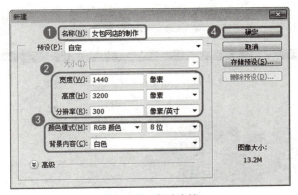

图10-35　新建文档

2）新建"图层1"，使用"矩形选框工具"创建一个矩形选区，如图10-36所示。

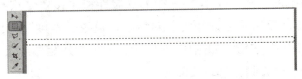

图10-36　创建矩形选区

3）设置前景色为黑色，按<Alt+Delete>组合键为选区填充前景色，效果如图10-37所示。

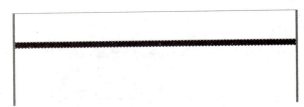

图10-37　为选区填充前景色

4）取消选区，选择工具箱中的"横排文字工具"，输入相应文字，在"字符"面板中设置"字体系列"为"黑体"，"字体大小"为3.5点，"颜色"为白色，如图10-38所示。

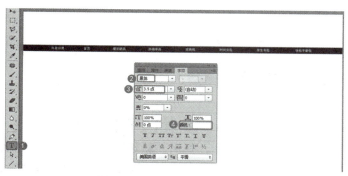

图10-38 输入相应文字并设置

5)打开"导航条.psd"素材文件,将素材拖至场景中,效果如图10-39所示。

图10-39 打开素材文件并拖至场景中的效果

10.2.2 制作欢迎首页

扫码看视频

本小节主要使用"矩形工具"制作欢迎首页,具体操作步骤如下。

1)选取工具箱中的"矩形工具",在工具属性栏中设置"选择工具模式"为"形状",在图像上单击,弹出"创建矩形"对话框,设置"宽度"为1440像素,"高度"为700像素,单击"确定"按钮,如图10-40所示,即可创建矩形形状,然后设置填充色为淡蓝色(R、G、B值分别为244、252、252)。

图10-40 创建矩形形状

2)打开"线条.psd"素材文件,使用"移动工具"将其拖至图像编辑窗口中的合适位置,设置"线条"图层的"不透明度"为30%,如图10-41所示。

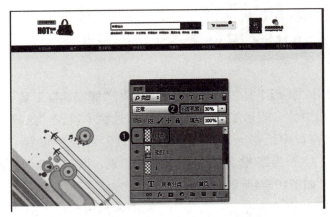

图10-41 设置"线条"图层的不透明度

3)打开"女包1.psd"素材文件,使用"移动工具"将其拖至图像编辑窗口中的合适位置,如图10-42所示。

图10-42 打开素材文件并调整位置

4)打开"女包文字1.psd"素材文件,使用"移动工具"将其拖至图像编辑窗口中的合适位置,如图10-43所示。

图10-43 打开素材文件并调整位置

10.2.3 制作促销区

扫码看视频

本小节主要使用"矩形工具""横排文字工具""椭圆选框工具"制作促销区。

1)选取工具箱中的"矩形工具",在工具属性栏中设置"选择工具模式"为"形状",在图像编辑窗口中绘制一个矩形,在"属性"面板中设置"W"为950像素,"H"为200像素,"X"为250像素,"Y"为910像素,填充颜色为红色(R、G、B值分别为250、41、96),如图10-44所示。

2)选取工具箱中的"横排文字工具",在图像编辑窗口中的适当位置输入相应文字,在"字符"面板中设置"字体系列"为"方正综艺简体","字体大小"为15点,"字符间距"为100,"颜色"为白色。双击文字图层,弹出"图层样式"对话框,选择"投影"复选框,保持默认设置,单击"确定"按钮,添加图层样式,效果如图10-45所示。

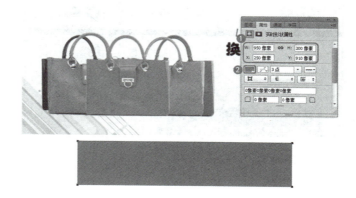

图10-44 绘制矩形并设置属性

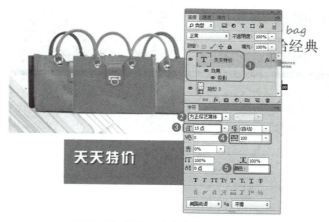

图10-45 输入相应文字并设置后的效果

第10章 网店的制作

3）打开"边框.psd"素材文件，使用"移动工具"将其拖至图像编辑窗口中的合适位置，如图10-46所示。

图10-46　打开素材文件并调整位置

4）使用"椭圆选框工具"在促销区的图像上创建一个圆形选区，选择工具箱中的"矩形选框工具"，在工具属性栏中单击"从选区减去"按钮，在椭圆选区下方绘制矩形选区，减去相应的选区区域，如图10-47所示。

图10-47　绘制选区

5）新建"图层4"，设置前景色为深红色（R、G、B值分别为202、4、57），为选区填充颜色并取消选区，复制"图层4"两次，并调整图像至合适位置，如图10-48所示。

图10-48　复制并调整图像位置

6）打开"女包文字2.psd"素材文件，使用"移动工具"将其拖至图像编辑窗口中的合适位置，如图10-49所示。

图10-49　打开素材文件并调整位置

10.2.4 制作收藏区与广告海报

扫码看视频

本小节主要运用"自定形状工具""矩形工具""横排文字工具"制作收藏区与广告海报。

1）打开"收藏区.psd"素材文件，使用"移动工具"将其拖至图像编辑窗口中的合适位置，如图10-50所示。

图10-50　打开素材文件并调整位置

2）选取工具箱中的"矩形工具"，在图像编辑窗口中绘制一个相应大小的矩形，在工具属性栏中设置"填充"为浅灰色（R、G、B值均为245）、"描边"为深灰色（R、G、B值均为160）、"描边宽度"为0.1点；选择工具箱中的"横排文字工具"，在图像编辑窗口中的适当位置输入相应文字，在"字符"面板中设置"字体系列"为"黑体"，

"字体大小"为6点,"颜色"为黑色,如图10-51所示。

图10-51 输入相应文字并设置

3)打开"海报.psd"素材文件,使用"移动工具"将其拖至图像编辑窗口中的合适位置,如图10-52所示。

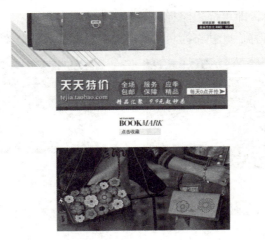

图10-52 打开素材文件并调整位置

10.2.5 制作商品展示区

扫码看视频

本小节主要运用"直线工具""画笔工具""横排文字工具"制作商品展示区。

1)选取工具箱中的"直线工具",在工具属性栏中设置"选择工具模式"为"路径",在图像编辑窗口中的合适位置绘制路径,如图10-53所示。

2)选取工具箱中的"画笔工具",展开"画笔"面板,设置"大小"为3像素、"间距"为200%,如图10-54所示。

图10-53 绘制路径

图10-54 设置画笔参数

3)新建"图层6",展开"路径"面板,选择并右击工作路径,在弹出的快捷菜单中选择"描边路径"命令,弹出"描边路径"对话框,设置"工具"为"画笔",单击"确定"按钮,隐藏工作路径,即可描边路径,效果如图10-55所示。

4)复制"图层6",得到"图层6拷贝",将其移至合适位置,效果如图10-56所示。

图10-55 描边路径

图10-56 复制图层并调整位置

5)选择工具箱中的"横排文字工具",在图像编辑窗口中的适当位置输入相应文字,在"字符"面板中设置"字体系列"为"Heiti TC","字体大小"为10点,"颜色"为黑色,单击"仿粗体"按钮,如图10-57所示。

图10-57 输入相应文字并设置

6）使用"横排文字工具"在图像编辑窗口中的适当位置输入其他文字并设置，如图10-58所示。

图10-58　输入其他文字并设置

7）打开"女包2.psd"素材文件，使用"移动工具"将其拖至图像编辑窗口中的合适位置，如图10-59所示。此时完成最终效果的制作。

图10-59　打开素材文件并调整位置

【素养提升】

如果要开淘宝网店，除了要遵守淘宝规则以外，还需要遵守工商行政管理方面的法律法规，如《消费者权益保护法》《产品质量法》《反不正当竞争法》《商标法》《广告法》等。另外，还需要做到不做虚假宣传，不卖假冒伪劣产品，不欺骗消费者，不泄露消费者隐私等。如果自己的权益受到侵害，可以向淘宝官方投诉。将来无论从事什么行业，都需要首先了解相关的法律法规并严格遵守，不做违法乱纪的事。